新农村建设丛书

养蜂技术

葛凤晨　主编

吉林出版集团股份有限公司
吉林科学技术出版社

图书在版编目（CIP）数据

养蜂技术 / 葛凤晨编

. 一长春：吉林出版集团股份有限公司，2009.06（2025.1 重印）

（新农村建设丛书）

ISBN 978-7-80762-633-6

Ⅰ . ①养...　Ⅱ . ①葛...　Ⅲ . ①养蜂 - 基本知识　Ⅳ . ① S89

中国版本图书馆 CIP 数据核字（2009）第 094211 号

养蜂技术
YANGFENG JISHU

主　编	葛凤晨	
责任编辑	黄　群　杜　琳	
开　本	850mm×1168mm　1/32	
字　数	127 千	
印　张	5.5	
版　次	2009 年 6 月第 1 版	
印　次	2025 年 1 月第 13 次印刷	
印　刷	三河市元兴印务有限公司	

出　版	吉林出版集团股份有限公司 吉 林 科 学 技 术 出 版 社
发　行	吉林出版集团股份有限公司
社　址	吉林省长春市福祉大路 5788 号
邮　编	130000
电　话	0431-81629968
电子邮箱	11915286@qq.com
书　号	ISBN 978-7-80762-633-6
定　价	33.00 元

AI实践导师
7*24小时在线 带你学习实用知识

在线阅读
AI电子书 随时随地查阅

技术讲解
视频在线看 轻松掌握技巧

惠农指南
政策细解读 助力高效发展

"码"上开启 致富之路 ——

长本事 换脑筋
多挣钱 少吃亏

出版说明

　　《新农村建设丛书》是一套针对"农家书屋""阳光工程"
"春风工程"专门编写的丛书，是吉林出版集团组织多家科研院
所及千余位农业专家和涉农学科学者倾力打造的精品工程。

　　丛书内容编写突出科学性、实用性和通俗性，开本、装帧、
定价强调适合农村特点，做到让农民买得起，看得懂，用得上。
希望本书能够成为一套社会主义新农村建设的指导用书，成为一
套指导农民增产增收、提高自身文化素质、更新观念的学习资
料，成为农民的良师益友。

目　录

第一章 概　　述

　　养蜂是一项历史悠久的传统养殖业，是现代农业的重要组成部分，不仅能够为百姓开拓致富门路、向社会提供丰富的蜜蜂产品，而且还能够利用蜜蜂授粉促进农业增产，是经济效益、社会效益和生态效益兼顾的产业。

第一节　养蜂的意义

　　养蜂是利国利民有益于全社会的事业，随着我国国民经济的发展和农业现代化进程的加快，养蜂的地位和作用显得越来越重要。发展养蜂，其重要意义可以概括为以下几个方面：

一、养蜂是利于就业的高效产业

　　与其他农牧业比较，养蜂不占耕地，不与畜禽争饲料，是一项投资少、用工省、技术易学、见效快、支出少、效益高、无公害的特种养殖业。养蜂不仅是利国利民的好产业，更是贫困山区农民脱贫致富的重要途径，也是城乡百姓补贴收入的好副业。养蜂生产要求的条件不高，只要当地有良好的蜜粉源植物、养蜂者掌握了一定的基本操作技术，就可以投资养蜂。既可以因地制宜大规模专业养殖，也可以小量的家庭业余养殖。

　　从我国现实养蜂生产水平看，一个养蜂人可养蜂 40～100 群，每群蜂产值 500～1000 元，年产值 4 万～10 万元。养蜂生产带给养蜂者的收益，除销售蜂产品而获得的直接经济效益外，还可以通过租赁蜂群为农作物授粉获得收益，繁育蜂群出售等也可获得较好的直接经济效益。

二、养蜂是人类保健的食品产业

蜜蜂是制造健康食品的高级工程师，为人类社会提供了营养价值很高的天然滋补保健食品，包括蜂蜜、蜂王浆、蜂胶、蜂花粉、蜂蜡、蜂毒、蜂粮、蜂巢和蜂蛹虫等。蜂产品是集动物性、植物性为一体的健康食品，含有丰富的营养素和生物活性物质。随着人民生活水平的提高和保健意识的增强，越来越多的消费者开始关注蜂产品。

发展养蜂业，促进蜂产品的生产对提高人们的健康水平和工作效率具有重要意义。

三、养蜂是传统出口的创汇产业

丰富的蜜粉源植物为我国养蜂事业的发展提供了得天独厚的条件，蜂蜜、蜂王浆等产品的产量居世界首位，出口占各自总产量的 50% 以上。据统计，2004 年我国出口蜂蜜 8.64 万吨，其出口量在统计的 155 类植物和动物产品中排 44 位，在动物和水产中排在第 10 位。出口价值在全部统计产品中排第 26 位，在动物和水产中排在第 6 位，仅次于猪肉、鸡肉、可食用内脏、全脂鲜奶和牛肉。

全世界的蜂王浆中有 90% 以上产自我国。除日本以外，西欧、韩国、澳大利亚、东南亚各国和美国的蜂王浆需求量也有所增长。从历史和现状看，蜂产品在国际市场上具有较强的竞争力，是一个创汇产业。

四、养蜂是推动农业增产的授粉产业

蜜蜂在农业生产中所扮演的重要角色，一方面为人类提供丰厚的保健功能极佳的蜂产品，另一方面，蜜蜂作为自然界最主要的授粉昆虫，通过对农作物的授粉，提高种子的结实率和发芽率，使农作物的产量增加，品质改善。实践证明，养蜂是大农业的组成部分，蜜蜂授粉是先进的农艺措施，发展养蜂生产，已经成为发展现代设施农业不可缺少的一项重要配套措施。

五、养蜂是保护自然的生态产业

蜜蜂是生态环境的建设者。生态平衡的核心是植物，植物具有保持水土、调节气候、净化空气、保持环境稳定、协调人与动物和自然界关系的功能。昆虫授粉在保全植物繁衍生息上起着非常重要的作用。

近几十年来，由于产业结构的调整，随着现代化、集约化农业的发展，化肥、杀虫剂和除草剂等化学物质在环境中大量使用，致使自然生态环境遭到严重的破坏。蜜蜂作为植物的传粉使者，利用自然空间，以植物的花朵为资源，在采集花蜜、花粉的过程中，同时也完成传粉过程，不仅不破坏生态资源、不占用耕地、没有三废、不污染环境，而且蜜蜂还能为农作物和各种植物传花授粉，可以大大提高农作物的产量，促进植物繁茂，强化生态，维护了生态系统的平衡。

第二节　国内外养蜂业概况

一、我国养蜂业概况

（一）养蜂历史

我国是中华蜜蜂的发源地，远古时期自然植被繁茂，大量野生中蜂繁衍栖息于树洞、石洞里，古人在狩猎采捕活动中，发现了野生蜂巢，创造了采捕蜂蜜的方法。公元前11世纪前的殷商甲骨文中，就有"蜂"字和"蜜"字，说明当时人们对蜜蜂已有一定的认识，并逐渐从野外毁巢采捕演化到看护蜂巢采捕，进而又发展为土法饲养中蜂，形成了延续至今的采捕野生中蜂蜜和人工饲养中蜂的传统养蜂生产活动。

公元前1世纪左右的《神农本草经》将蜂蜜、蜂子和蜂蜡列为上品药，兼有治病和保健功效；同时记载香蒲花粉和松花粉是优良的保健药。出土于湖南省长沙马王堆3号汉墓中的公元前3世纪的手写帛书《五十二病方》，是中国现存的治病古方书，其中有 2 处用蜂子、1 处用蜂蜜治病的配方。我国有两千多年的养蜂历史，采捕利用野生中蜂蜜的历史已有数万年，是世界蜂业历史悠久的国家之一。

（二）现代养蜂业

我国现代养蜂技术的兴起和发展，起源于 19 世纪末 20 世纪初西方蜜蜂和活框蜂箱饲养技术的引进。1949 年以后，养蜂业得到了稳定的发展，特别是改革开放以来，养蜂业进入了一个新的历史阶段，在蜜蜂饲养管理、蜜蜂育种、蜂病防治、蜂产品开发利用等方面的科学研究、教学、生产、加工和流通取得了长足的发展，呈现一派欣欣向荣的景象，成为世界养蜂大国。我国不仅在蜂群饲养数量、蜂产品产量、蜂产品出口量上居世界首位，而且在蜂产品种类、单产、饲养者人数上也居世界首位。

1. 养蜂数量 1949 年以前，全国饲养蜜蜂仅 50 多万群，目前，我国蜂群饲养量已达到了 700 多万群，蜂群饲养量约占全世界蜜蜂饲养总量的 1/8。

2. 蜂产品产量 与其他养蜂国家相比，我国蜂产品不仅在产量上占优势，而且种类多样化，除了蜂蜜、蜂王浆、蜂花粉和蜂蜡外，还有备受消费者欢迎的蜂胶、雄蜂蛹、蜂王幼虫和蜂毒等。

3. 蜂产品出口量 蜂产品已成为我国农产品中名副其实的出口产品，出口量长期以来居世界首位，每年近 50% 的蜂产品用于出口，年创汇 1 亿多美元。

4. 养蜂从业者 我国养蜂从业者达 20 多万人，有专业养蜂者、副业养蜂者和业余爱好养蜂者 3 类，一般饲养蜜蜂几十群，多者饲养 100～200 群，也有大型蜂场饲养数百或数千群。

（三）自然资源状况

1. 蜜粉源资源 蜜粉植物资源是发展养蜂的基础，我国幅员辽阔，气候类型多样，蜜粉植物资源丰富，种类繁多，且分布面积广。据农业部门统计，在 1.036 亿公顷耕地上，约有蜜粉源作物 0.3 亿公顷；在 4.04 亿公顷的森林和草原上，至少有 1 亿公顷优质树种和牧草蜜粉源。据普查，全国可用于养蜂的蜜粉源植物约有 14 000 种，这些蜜粉源植物可供约 1500 万群蜜蜂采集利用，现已被蜜蜂利用能够获得大宗商品蜂蜜、蜂花粉的蜜粉源植物有 100 多种。

2. **蜂种资源** 我国蜂种资源丰富，除了有 600 多万群世界著名的西方蜜蜂如意大利蜂、卡尼鄂拉蜂、喀尔巴阡蜂、高加索蜂、安纳托利亚蜂、东北黑蜂、新疆黑蜂原种及杂交种外，还有 100 多万群本土中华蜜蜂。此外，在我国的西藏、云南、广西和海南等地还有大蜜蜂、黑大蜜蜂、小蜜蜂和黑小蜜蜂 4 个野生蜜蜂种。这些家养和野生蜂种有待于利用开发。

二、世界养蜂业概况

在西班牙、南非、土耳其等国的山区洞窟里，已经发现了 7000 年前的原始人类从树洞或岩石裂缝中的蜂巢里采捕蜂蜜的壁画和石刻。大约在公元前 5000 年的新石器时代，地中海沿岸的人们已经使用陶罐作为蜂窝。到了公元前 3000 年左右，古埃及人就在尼罗河的上下游流动放养蜜蜂，追花夺蜜。16 世纪后，科学技术的发展改进了原始养蜂技术。19 世纪中叶，美国养蜂家郎斯特罗什发明活框饲养技术，随后欧美养蜂家又发明了离心分蜜机、巢础等一系列现代养蜂工具，彻底改进了原始养蜂技术，使养蜂成为一项专业生产行业。

据美国农业部 2000 年统计，世界蜂群总饲养量为 5490 万群，分布在五大洲。其中，几个主要饲养大国分别为，中国约 700 万群、俄罗斯约 600 万群、美国约 500 万群、巴西约 200 万群、墨西哥约 210 万群、波兰 200 多万群、阿根廷约 180 万群、德国约 120 万群、土耳其约 200 万群。

世界各国由于自然、历史、社会和经济发展的不同，所饲养的蜜蜂品种、技术、蜂具等存在很大的差异。

（一）发达国家养蜂业

发达国家养蜂业以授粉为主要目的，生产蜂产品为副业，把养蜂业作为农业的有机组成部分。其特点是蜂场饲养规模大，机械化程度高，人均饲养蜜蜂量大，人均产值高，生产成熟蜂蜜、蜂产品质量高。欧洲一些国家的养蜂特点多是以业余为主，饲养者大多是退休者和养蜂爱好者，定地饲养，平均每平方千米有蜂3群多。

（二）发展中国家养蜂业

发展中国家养蜂业以生产蜂产品为主要目的，而利用蜜蜂主动为农作物、牧草授粉是副业。其特点是蜂场饲养规模小，以手工劳动为主，人均饲养量小，人均产值低，劳动强度大，蜂产品质量差。

（三）传统养蜂业

传统养蜂业主要在非洲及其他不发达地区，技术落后，90%采用圆木、黏土、树枝、竹条等制作成的蜂窝来饲养蜜蜂，很少对蜂群进行管理，依然采用原始的方法驱蜂毁巢的方式获取蜂蜜和蜂蜡，平均每群仅产蜂蜜6kg，蜂产品产量和劳动生产力很低。

练习题

1. 发展养蜂具有什么意义？
2. 我国养蜂业在世界养蜂业中处于什么地位？
3. 我国养蜂业具有哪些资源优势？
4. 世界养蜂业大致分哪几类？

第二章　蜜蜂生物学知识

第一节　蜜蜂个体生物学

一、蜜蜂的生活和职能

蜜蜂在长期的进化过程中，形成了营群体生活的生物学特性，单一个体离开群体就不能生存。

一个蜂群通常由一只蜂王、数千或数万只工蜂和数百只以至上千只季节性雄蜂组成。

（一）蜂王

蜂王是蜂群中唯一生殖器官发育完全的雌性蜂，身体比工蜂长 1/4～1/3。蜂王的职能是产卵，一只品种优良的蜂王在产卵盛期，一昼夜能产 1500～2000 粒卵。

蜂王产的卵有两种：一种是产于工蜂房和王台基内，发育成工蜂和蜂王的受精卵；一种是产于雄蜂房内，发育成雄蜂的未受精卵。蜂王产卵量多少对蜂群的群势有直接影响。

新蜂王一般出房后 3 天试飞认巢，5～6 天性成熟后多次出巢飞行交配，在最后一次交配后 2～3 天开始产卵，从此，除自然分蜂或群体迁移外，蜂王不再离开蜂巢。正常情况下，1 个蜂群中只有 1 只蜂王。在整个发育期和繁殖期，蜂王以工蜂分泌的蜂王浆为饲料，并由工蜂饲喂，其寿命比工蜂和雄蜂长很多。

（二）工蜂

工蜂是生殖器官发育不完全的雌性蜂，正常情况下不能产卵，当蜂群失王时间过长，其卵巢也能发育，产未受精卵。工蜂担负着群体内外各种工作。一般出房 3 天内从事清扫巢房和保温孵化工作；4 天后调制蜂粮饲喂大幼虫；6～11 天分泌王浆，饲喂蜂王和小幼虫；12～18 天认巢飞翔，泌蜡筑巢，酿造加工等；15～20 天后从事采蜜、采粉、采水等和守卫蜂巢工作。工蜂的分工不是固定不变的，可以根据需要而改变。

蜂群的采集力取决于工蜂的数量和质量。由于工蜂长时间从事采集和哺育幼虫等工作，大多数寿命在 40 天以下，很少超过 2 个月。秋后培育的越冬蜂，由于没有参与采集和哺育幼虫工作，一般能活 3～5 个月，越冬的工蜂最多能活 6～7 个月。

（三）雄蜂

雄蜂是由未受精卵发育而成的雄性个体，身体粗壮，没有蜇针。雄蜂不会采集，无群界，唯一的职能是性成熟后飞出巢外与蜂王交配。雄蜂出房 7 天后才能飞翔，12 天性成熟，12～20 天之间是交配最佳期。雄蜂与蜂王交配后即死亡。

蜂群根据需要决定雄蜂的生存。在自然分蜂季节，蜂群大量培育雄蜂；在早春和秋季，蜂群很少培育雄蜂；在秋冬季节的非繁殖期，蜂群就把雄蜂驱逐出蜂巢。雄蜂为季节性蜂。

二、蜜蜂个体的发育

蜜蜂是全变态昆虫。蜂王、工蜂、雄蜂的个体发育都要经过卵期、幼虫期、蛹期和成蜂 4 个阶段，4 个发育阶段其形态完全不相同。

（一）三型蜂的发育期

蜜蜂个体发育的每一个阶段，都要具备一定的条件，如适应的温度、湿度，适合个体发育的巢房，充足的饲料等。西方蜜蜂各型蜂的发育期如下：

1. 蜂王　卵期 3 天，幼虫期 5.5 天，蛹期 7.5 天。从卵到成蜂发育期为 16 天。

2. 工蜂　卵期 3 天，幼虫期 6 天，蛹期 12 天。从卵到成蜂发育期为 21 天。

3. 雄蜂　卵期 3 天，幼虫期 6.5 天，蛹期 14.5 天。从卵到成蜂发育期为 24 天。

（二）蜜蜂发育的 4 个阶段

1. 卵期　蜜蜂的卵呈香蕉形，乳白色，卵膜略透明，长 1.4～1.8mm。卵第 1 天直立在巢房底部，第 2 天倾斜，第 3 天伏卧，哺育蜂在卵周围开始分泌王浆。

2. 幼虫期　蜜蜂幼虫初期呈半月形、蠕虫状、白色、无足，平卧在巢房底。随着虫体逐渐长大，虫体伸直，头朝向巢房口。三型蜂的幼虫期前 3 天全部吃白色的王浆。蜂王幼虫在整个幼虫期一直食用王浆，工蜂和雄蜂幼虫 3 天后改食花粉和蜂蜜混合饲料。蜜蜂幼虫期由工蜂饲喂，长成后巢房封盖，进入蛹期。

3. 蛹期　蜜蜂蛹的翅足分离，称为裸蛹。蛹初期呈白色，逐渐变成淡黄至黄褐色。蛹期表面看来不食不动，内部却发生本质性变化，形成了成年蜂的内外部各种器官。发育后期的蛹，分泌脱皮激素，脱下蛹壳，咬破巢房封盖，羽化成蜂。

4. 成蜂　新羽化出房的幼蜂体表绒毛柔软，外骨骼较软，内部器官还需要成熟发育过程。

三、蜜蜂的外部形态

蜜蜂的身体分为头部、胸部、腹部 3 个体段，各节有膜相连接。外壳由几丁质组成，也就是身体的骨骼，外骨骼上生长着密实的绒毛，整个内脏器官都包藏在骨骼之中。

（一）头部

蜜蜂头部是感觉和取食的中心，生有 3 只单眼、2 只复眼、1 对触角和口器。工蜂头部呈三角形，蜂王呈心脏形，雄蜂呈近圆形。

蜜蜂复眼起观看物象作用，单眼起感光作用。口器为既能吸吮液体又能咀嚼固体的嚼吸式口器。

（二）胸部

蜜蜂的胸部由前胸、中胸、后胸和并胸腹节组成，生有 3 对足、2 对翅，是运动的中心。

蜜蜂的前足可以清理触角和收集头部上的花粉。中足可以收集胸部上的花粉，可以将后足上携带的花粉团铲落在巢房内。后足上生有一个"花粉篮"，可以把采集的花粉携带回巢，后足上还有"刺"，能将腹部蜡腺分泌的蜡鳞取下来，用于修筑巢房。

蜜蜂翅除用于飞翔外，还能够扇风，调节巢内温湿度，振翅发声传递信号。

（三）腹部

蜜蜂腹部由 1 组环节组成，各节之间由节间膜连接，每节由背板和腹板构成。腹腔内充满血液，容纳着消化、呼吸、循环和生殖等器官，是消化和生殖的中心。

雄蜂腹部有 7 个环节，工蜂和蜂王腹部有 6 个环节，末端有螫针，螫针是蜜蜂用于防卫、保护家园的武器。

四、蜜蜂的内部器官

（一）呼吸器官

蜜蜂的呼吸器官比较发达，包括气门、气管主干、气囊、支气管和微气管。气门是气管通往身体两侧的开口，胸部有 3 对，腹部有 7 对。气管很细和气门相连接，气管直接分布在身体各个组织中，分为支气管、微气管，输送氧气带走二氧化碳和水。气囊由气管膨大而成，作用是增强管内的气体流通，有利于增加蜜蜂的飞行浮力。

蜜蜂的呼吸运动每分钟 40～150 次。在剧烈活动或高温条件下，呼吸加快；静止低温时，呼吸速度减慢。

（二）消化和排泄器官

蜜蜂的消化器官是消化道，排泄器官是马氏管、脂肪体和后肠，有摄食、消化、吸收和排泄 4 种作用。

1. 消化道　由前肠、中肠和后肠 3 部分构成。前肠由咽喉、食道、蜜囊三者连接而成。咽喉有吸吮和吐出花粉的功能，食道为连接咽喉和蜜囊的细长管，蜜囊是临时贮存花蜜的仓库，最多可装 80mm³ 花蜜。中肠是消化食物和吸收养分的主要器官，所以又称作胃。后肠由小肠和大肠组成。小肠弯曲而细小，没有被中肠消化完的食物，进入小肠继续消化吸收，废渣进入大肠排出体外。

2. 马氏管和脂肪体　马氏管分布于中肠和小肠的连接处，有80～100条，它们浸在血液中，分离出尿酸和盐类，送入大肠排出体外。蜜蜂的脂肪体发达，能积存部分尿酸等废物；当蜜蜂体内营养不足时，这种组织便可以提供大量易于消化吸收的营养贮备。

（三）血液循环器官

蜜蜂体腔内充满了流动的血液。蜜蜂的血液没有颜色，由白血细胞、变形细胞和带酸性的血浆组成。

蜜蜂的血液在其整个体腔内的循环是开放式的，通过血液循环，将养料输送到体内各组织中，又将废物输送到排泄器官排出体外。血液循环的主要器官是纵贯全身的简单粗血管，称为背血管，分为前端的动脉和后端的心脏两部分。动脉能引导血液向前流动，心脏则为血液循环的搏动机构。心脏有 5 个心室，每个心室都有 1 对心门。

蜜蜂心脏搏动频率，静止时每分钟 60～70 次，活动时每分钟 100 次，飞翔时每分钟为 120～150 次。

（四）神经器官

蜜蜂的神经系统及其感觉器官非常发达，由中枢神经、交感神经和周缘神经组成。

1. 中枢神经　中枢神经由位于头部的脑和纵贯全身的腹神经索组成，是支配全身的各感觉器官和运动器官的中枢。

2. 交感神经　交感神经位于前肠侧面和背面，由许多小型神经节以及这些神经节发出的神经构成。神经分布于前肠、中肠、气管和心脏等处，是调节消化、循环、呼吸活动的中心。

3. 周缘神经　周缘神经由感觉器官的细胞体和通入中枢神经的传入神经纤维，以及中枢神经通到反应器官的传出神经纤维构成。周缘神经分布面广，遍及蜂体周缘。

（五）生殖器官

1. 雄性生殖器官　主要是由 1 对睾丸、2 条细小输精管、1 对贮精囊、2 个黏液腺、1 条射精管和 1 个能外翻的阳茎组成。

睾丸是产生精子的器官，成熟的精子经输精管进入贮精囊内，黏液腺能够分泌滋润精子和参与精液组成的黏液。射精管直通阳茎，当与蜂王交配时，阳茎外翻伸入蜂王阴道，精子便从贮精囊中通过射精管射入蜂王阴道。交配后，阳茎和生殖器官的其他部分便脱落在蜂王的尾端，由工蜂帮助清除掉。

2. 蜂王生殖器官　由 1 对巨大的梨形卵巢、2 条侧输卵管、1 条短的中输卵管、1 个贮精球和 1 条短的阴道组成。

卵巢占据腹部大部分位置，由数百条卵巢管组成，是产生卵子的器官。侧输卵管前端与卵巢基部相接，后端合为中输卵管，中输卵管末端扩大为阴道，是卵子的通道。贮精球是接受和贮存精子的特殊器官，它有一短小管与阴道相通，根据产卵需要，小管的开口由肌肉收缩控制精子的排放。

3. 工蜂生殖器官　工蜂生殖器官与蜂王相似，但卵巢发育不完全，仅有几条卵巢管，其他附属器官均已退化。但在蜂群失王较久的情况下，少数工蜂卵巢发育，开始产未受精卵，发育成雄蜂。

（六）蜜蜂的主要腺体

1. 上颚腺　位于上颚基部，开口于上颚内侧，由 1 对囊状腺体组成。工蜂的上颚腺，能分泌参与王浆组成的生物激素以及能软化蜂蜡蜂胶的液体。蜂王和雄蜂的上颚腺，都能分泌信息素，互相引诱前来交配。

2. 咽下腺　位于工蜂的头部，由两串非常发达的葡萄状腺体所组成，能分泌王浆，用以饲喂蜂王、蜂王幼虫以及雄蜂和工蜂的幼龄幼虫。

3. 涎腺　涎腺有头涎腺和胸涎腺各 1 对。涎腺能分泌转化酶，混入花蜜中，促使蔗糖转化为葡萄糖和果糖。

4. 蜡腺　工蜂蜡腺有 4 对，位于腹部的最后 4 节的腹板上，专门分泌蜂蜡，用以筑造巢房。

5. 大肠腺　大肠腺有 6 条，分布在大肠的基部。它的分泌物能够防止大肠内的粪便发酵、腐败，对蜜蜂长时间困守巢内越冬不出巢排泄意义极大。

6. 毒腺　位于腹腔内，能够分泌毒液，通过蜇针注入敌体内。

第二节　蜜蜂群体生物学

一、蜂群的生活条件

（一）蜂巢

蜂巢是蜜蜂居住、贮存饲料和繁殖后代、延续种族的地方。野生蜜蜂将蜂巢筑造在岩洞、树窟之中，人工饲养的蜂群蜂巢建立在蜂箱内。蜂巢内垂直排放着巢脾，脾间保持着一定距离，蜜蜂在巢脾上贮存和加工酿制蜜粉饲料，培育后代，栖息结团。蜂巢大小随着群势和季节而变化。春季弱群蜂巢 1 个箱体，1～3 张巢脾；流蜜期强群大的蜂巢 2～5 个箱体，20～40 张巢脾。1 张标准巢脾两面共有六角形巢房 6600～6800 个。巢脾上除了工蜂房以外，还有较大的雄蜂房和不规则的过渡巢房及王台基。

蜂巢在不同时期有不同的稳定温度。没有蜂儿时温度在 14℃～32℃ 之间；有卵虫和蛹时，温度稳定在 34℃～35℃。蜂巢温度依靠群体的活动来调节。春秋两季，为保证蜂儿的正常发育和减少工蜂调节巢温的能量消耗，应根据蜂群群势强弱注意保温；在炎热的夏季应注意散热降温。蜂巢内适合蜂儿发育的相对湿度是 35%～45%；流蜜期巢内湿度一般在 65% 以下；越冬期适合蜂团的湿度是 75%～85%。

（二）食物

蜜蜂的食物主要是通过采集活动获得的花蜜和花粉，还有水分和盐类。蜜蜂在巢内要大量贮存花蜜和花粉，用以维持群体生活的需要。蜜蜂把花蜜贮存在蜂巢外侧的巢脾上和子脾的上部，花粉贮存在子圈外缘。整个蜂巢自然的形成了花蜜、花粉对子圈的覆盖层，既便于蜜蜂取食饲喂幼虫，又利于蜂巢的保温。

蜜蜂所需要的营养物质都能从花蜜和花粉中获得，只有无机盐是工蜂从具有盐碱成分的水边、草木灰或便池上采集来的。为了适当给蜂群补充无机盐，可以结合喂水，在水中加入适量的食盐让蜜蜂自由摄取。

（三）气候

温度对蜜蜂生活影响最大。蜜蜂是变温动物，单个蜜蜂在静止状态下具有和周围环境相近的温度。温度低于13℃蜜蜂便不能飞行，低于7℃会被冻僵。温度高于38℃幼虫开始死亡，高于40℃幼虫全部死亡。气温高于40℃，蜜蜂停止采集工作，有的蜜蜂只采集水降温。

湿度对蜜蜂也有影响。湿度过低给幼虫体表和王浆保持湿润增加困难，还会使群体水分蒸发加快，导致蜜蜂口渴，使蜂蜜失水结晶。湿度过高，不利酿蜜，还容易引发疾病。

风对蜜蜂的飞行影响较大，风速每小时17.6km，采集减少；每小时33.6km，采集停止。如果连日阴雨或突发的暴风雨，会使蜜粉源中断和大量采集蜂死亡，给蜂群造成损失。

（四）蜜粉源

蜜粉源是蜜蜂种族繁衍的物质基础，蜜蜂的食物虽然可以通过饲喂代用品来解决，但远远达不到自然蜜粉源对蜂群繁殖和生存的作用。蜜蜂从自然蜜粉源中采集的花蜜、花粉，不仅是最适合蜜蜂发育和生存的全价营养饲料，而且保持特有的天然质量和活性程度，任何代用品也代替不了。蜂群的生存离不开蜜粉源，没有蜜粉源蜂群失去了重要的生活条件，就不能繁殖。

二、蜜蜂的信息传递

蜜蜂为了生存，能够内外协调、有条不紊地进行群体所需的各种活动，主要有信息素和舞蹈语言两种信息传递形式，在蜂群中起着重要作用。

（一）蜜蜂的信息素

1. **蜂王物质**　是指蜂王上颚腺所分泌的信息素。工蜂利用替蜂王清理体表和饲喂的机会得到蜂王物质，然后又通过工蜂之间食物传递、饲喂和相互接触，在蜂群内得以广泛传播。蜂王物质对工蜂有高度的吸引力，能够抑制工蜂卵巢发育和阻止营造王台培育新蜂王的行为，从而维持蜂群的稳定。蜂王物质在巢外对雄蜂具有强烈的引诱作用，还有促进工蜂聚集结团等作用。

2. **报警信息素**　主要是工蜂蜇针腔柯氏腺和上颚腺分泌的信息素。当蜂群有外来入侵者，工蜂用上颚撕咬或刺蜇时，将这种信息素标记在"敌体"上，引导更多的伙伴围攻入侵者。这是蜂群有效抵抗侵袭者危害，进行自我防卫的一种手段。

3. **示踪信息素**　是工蜂腹部第6腹节背板上的臭腺分泌的标志性芳香物质。示踪信息素借助工蜂的翅膀扇风而散发，能够招引在蜂巢远处的蜜蜂返巢，引导蜜蜂飞向蜜粉源。能够招引婚飞或离散的蜂王归巢，引导分群飞散的蜜蜂找到蜂王，使无蜂王的蜂团散开向有蜂王的蜂团聚集。并与蜂王物质一起，对分蜂团起稳定作用。

4. **雄蜂信息素**　由雄蜂上颚腺分泌的性信息素。雄蜂性成熟婚飞时，在空中释放信息素，引诱新蜂王前来与之交配。

（二）蜜蜂的舞蹈语言

蜜蜂的舞蹈是指工蜂在巢脾上有规律的运动，是工蜂个体之间传递信息的又一种方式。工蜂以这种特殊语言表达方式，叙述所发现蜜粉源的量、质、距离以及方位。蜜蜂的舞蹈种类很多，现仅叙述与蜜粉源有关的圆舞和摆尾舞。

1. **圆舞**　即侦察蜂在同一位置转着圈子，一会向左转，一会向右转，并且十分起劲地重复多次。约半分钟后，又转移到另一位置重复这个动作。蜜蜂跳圆舞只表示离蜂巢 100m 以内发现了蜜粉源，但不指示蜜粉源所处的方位。

2. 摆尾舞　即侦察蜂一边摇摆着腹部，一边绕着圈子，先是向一侧转半个圆圈，然后反方向在另一侧再转半个圆圈，回到起始点，如此重复同样的动作。蜜蜂跳摆尾舞表示离蜂巢 100m 以外的地方发现了蜜粉源，而且指示蜜粉源的方向。

蜜粉源的方向是以太阳为准，即在垂直的巢脾上，重力线表示太阳与蜂巢间的相对方向，舞圈中轴直线和重力线所形成的交角，就表示以太阳为准所发现的蜜粉源相应方向。如舞蹈蜂头朝上，舞圈中轴处在重力线上，表示蜜粉源朝着太阳方向。即使在阴天，蜜蜂也能透过云层看到太阳位置。

三、蜜蜂的飞行采集

（一）蜜蜂的采集习性

采集是蜜蜂的本能活动，只要外界有蜜粉源，蜜蜂就会不停地采集，直到采完为止。通常，蜜蜂的采集活动在离蜂巢 2.5km 半径内，利用面积约 1500hm^2。但在附近蜜粉源稀少时，其采集活动的半径会扩展到 4km 以上。蜜蜂出巢飞行的高度可达 1km。

蜜蜂的采集飞行是强度较大的劳动，采集飞行 1km 需要消耗 2～4mg 蜜来补充能量，比无负荷飞行时多消耗 3～8 倍。一般蜜蜂载重飞行时速为 20～25km，最高时速能达到 40km。在风速每小时 20km 以上时，蜜蜂就不能连续持久飞行。

（二）花蜜的采集与酿制

采集蜂发现流蜜的花朵时，围绕花朵飞行几圈之后，便落到花上，将细长的吻插入花朵的蜜腺中，吸吮花蜜贮存于蜜囊中，然后再飞向另一朵花。1 只采集蜂要装满一蜜囊花蜜，至少要采几百朵花，甚至上千朵。在主要流蜜期，1 天中多数蜂采集飞行 10～20 次。

花蜜被采集蜂吸进蜜囊以后，即混入含有转化酶的涎液，花蜜酿制就开始了。当采集蜂回巢后，即将花蜜吐出分给内勤蜂，内勤蜂接受花蜜后，爬到巢脾的适当地方，头部朝上，保持一定位置，开始用吻混入涎液反复开合，促进蔗糖转化。与此同时，蜜蜂加强扇风力度，蒸发水分，促使蜜汁浓缩。当蜂蜜快成熟时，内勤蜂便寻找巢房，将这些蜜汁贮存起来，并进一步酿制。如果进蜜快，而且花蜜稀薄，内勤蜂就不一定立刻进行酿制，而是将蜜汁分成小滴，分别挂在好几个巢房的房顶上或暂时存在卵房、小幼虫房内，以后再收集起来进行酿制。花蜜经内勤蜂不断加入转化酶转化，蒸发水分，就渐渐成为成熟的蜂蜜。最后被集中于产卵圈上部或边脾的巢房内用蜡封上盖。

蜜蜂除了采集花蜜外，也采集植物花外蜜腺分泌的蜜露和蚜虫、蚧壳虫等分泌的甘露。

（三）花粉的采集与贮存

蜜蜂采集花粉的动作非常敏捷，有时在花朵上，一边吸吮花蜜一边采集花粉，有时在花上专采花粉。

采集蜂飞进花朵中，借助口器、足及身上的绒毛黏附花粉，并不断用足清理、集中身上的花粉粒。把前足收集起来的花粉传送到中足，又从中足传送到后足，最后堆积成团，集中在后足的花粉篮中。为了利于飞行，2个花粉篮装载得均衡一致。这种收集花粉的动作常在采集蜂从一朵花飞向另一朵花的瞬间完成。工蜂收集较干的花粉时，要用花蜜湿润花粉粒，以便于集中成为花粉团。因此，在蜜粉源不缺乏的情况下，蜜蜂不喜欢采某些干燥的风媒植物花粉。

采集蜂携带花粉归巢后，将后足上的2个花粉团一齐伸入巢房内，用中足把花粉团铲落在巢房内，接着内勤蜂便用上颚咬碎花粉团，搀入蜜和唾液，并用头部顶实，经过发酵后便成为蜂粮。待巢房中的蜂粮贮至7成左右，蜜蜂就在蜂粮上加一层蜂蜜，这样便可长期保存并随时供蜜蜂食用。

采粉工蜂每天采粉次数以及每次采集花粉团大小与粉源种

类、开花吐粉时间的长短、外界气温、风速等条件有关。1 只采粉蜂一次能载花粉 12~29mg，每天采集花粉 10 次左右。

（四）蜂胶的采集

蜜蜂能从植物叶芽或茎的破伤部分采集树胶或树脂。采集时先用上颚咬下树胶和树脂，咀嚼混入上颚腺分泌物，然后经前足和中足转入后足的花粉篮内携带。采胶蜂归巢后，由其他工蜂用口器把胶一点一点地咬下来，同时将蜂胶牢固地黏合在需要的地方。卸完 1 蜂采回的蜂胶需要 1 小时至数小时，所以 1 只蜂每天采胶的次数有限。一群蜂中只有少数工蜂从事采胶工作，而且不是专一不变的。

（五）水分的采集

蜜蜂除了自身需要水分外，稀释成熟蜜、调制幼虫食料、降低巢温和增加蜂巢的湿度都需要水分。特别是早春哺育蜂儿时期，如果蜂群缺水，蜜蜂不仅不能很好的育虫，而且寿命会大大缩短，甚至干渴而死。1 只蜂一次约采水 60mg，需要 17 000~20 000次才能采集 1kg 水。

四、蜜蜂群势的消长规律

（一）群势恢复期

经过越冬期的蜂群，在早春排泄飞行之后，蜂群开始培育蜂儿，以春季第 1 批新蜂接替越冬老蜂，此期称为群势恢复期。恢复期长达 1 个月之久，是全年蜂群的最弱阶段。此期蜂群是在早春最低的群势基础上开始繁殖，越冬蜂的哺育力较低，平均 1 只工蜂能哺育 1 个多幼虫，加上外界气候多变和蜜粉源稀少，蜂群繁殖速度较慢，群势增长不明显；但蜂群内部个体质量却发生了很大的变化，新蜂逐渐更换了越冬老蜂，哺育幼虫能力增强，蜂群的势力基本恢复。

（二）群势增长期

蜂群通过恢复期，越冬蜂更新之后，蜂群的个体逐渐增加，群势处于上升趋势。在整个增长期，全群为新蜂所接替，新蜂的哺育力明显增强，平均1只工蜂可以哺育近4只幼虫。此期外界气候和蜜粉源条件也逐渐有利于蜂群的繁殖，繁殖效率日益提高，蜜蜂个体不断增加，蜂群迅速壮大起来。群势增长期所需要的时间，主要取决于蜂群在恢复期时的群势。如果当时的群势较强，发展速度就快，群势增长期就会短些；如果当时的群势较弱，繁殖缓慢，群势增长期就要长些。

（三）强群保持期

蜂群通过群势增长期的个体积累，群势迅速壮大，从而进入最强盛的强群保持期。此期的蜂群是全年最富有生产力和哺育力的强壮阶段，是群势增长的高峰期，也是蜂蜜、王浆和花粉等蜂产品的主要生产时期。此期维持时间的长短，在很大程度上受蜜粉源、饲养技术等条件的影响。

（四）群势衰退期

在北方的秋季、南方的夏季，气候向着不利于蜂群繁殖的低温季节或高温季节变化，外界蜜源逐日稀少，对蜂群的繁殖产生了影响，蜂王产卵率下降直至停产，蜂群内工蜂死亡率高于出生率，群势处于下降趋势，直至越冬或越夏前的最低点，此期称群势衰退期。

（五）越冬过渡期

蜂群经过群势衰退期，进入冬季，蜂群没有繁殖的自然条件，为了保存实力，蜜蜂在巢内结成蜂团进入越冬期（南方为越夏期），即群势的过渡期——群势消长的起点和终点。

五、自然分群

蜂王产卵和工蜂哺育幼虫，只是使蜂群中的蜜蜂数量增多，而整个蜜蜂群体的繁殖，则是以分群（俗称分蜂）的途径来完成的。自然分群是蜜蜂延续种族生命的一种本能。

（一）自然分群的因素

蜂群的自然分群，通常发生在春末夏初时期，秋季也有时发生。在分群季节里，并不是所有的蜂群都会分群，只是那些有了

"分蜂热"的蜂群才进行分群。所谓"分蜂热",就是有分群情绪的蜂群,在准备分群时所发生的一些特殊的表现。不同的蜂种,不同质量的蜂王,不同的饲养条件,不同的工蜂积累数量和不同的蜂儿日龄等,都能表现出不同强度的分群情绪。发生分群的因素主要可以概括为以下 3 个方面:

1. **蜂群状况** 蜂群繁殖强壮,蜂王的产卵力满足不了蜂群哺育力的需要,巢内幼蜂积蓄过剩,无工作负担,这是促成蜂群发生分群的主要原因。

2. **蜂巢环境** 巢内窄小,没有修脾扩大蜂巢的余地,缺乏蜜蜂栖息的地方,蜂巢拥挤,空气流通不畅,巢内温度高;蜜粉充塞,卵圈受压,缺少供蜂王产卵的巢脾;在大流蜜期,缺乏贮存蜜粉的场所等。

3. **气候和蜜粉源** 温暖的气候,丰富的蜜粉源,不仅可以为原群的繁殖和采集提供有利的条件,而且能使新分群获得繁殖的时机和采集到生存的食粮,因此极易促成蜂群发生分群。

（二）自然分群前的表现

蜂群发生分蜂热之初,工蜂积极修造雄蜂房,哺育大批的雄蜂蜂儿,并在巢脾下缘筑造多个王台基,然后迫使蜂王在台基内产卵。随着自然王台的增多和发育,工蜂开始减少对蜂王的饲喂和照料,蜂王腹部逐渐缩小,产卵力降低以至完全停止。

王台封盖后,标志着分蜂准备工作已就绪。工蜂工作情绪低落,外勤蜂减少,采集力明显减退,巢内出现"搭挂"、箱前挂"蜂须"的怠工现象。如果天气晴暖,即将会出现分群行动。

蜜蜂在新分群出发前,要飞离原巢的工蜂都吸饱蜂蜜,作为飞行途中的饲料和在新巢修筑巢脾之用。

（三）自然分蜂行动

自然分群多数发生在晴暖天气的上午 10 点至下午 3 点,特别是长时间的阴雨而突然转晴的天气条件下,最容易发生分群。在开始分群时,分蜂群巢门口集聚许多工蜂,充满激动情绪,少数工蜂在蜂场上空盘旋，随即蜂量逐渐增多，继而蜂群骚动，大批工蜂从巢门口涌出，老蜂王被工蜂驱逼下一同离巢起飞。蜂群内大约有近半数工蜂随蜂王离开原巢，在蜂场附近上空旋飞，不久便在蜂场周围的树枝、篱笆或其他适合附着的物体上临时结团。分蜂群结团后，通常停留2～3小时，此时少数侦察蜂便行动起来，去寻找合适蜂巢。待侦察蜂找到建立新蜂巢的位置后，便回到分蜂团上舞蹈示意，引导蜂团飞往。迁入新居的蜜蜂，立即忙碌起来，泌蜡筑脾，认巢飞行，设岗守卫，饲喂照料蜂王，不久蜂王开始产卵，一个新的群体生活便从此开始。留在原来蜂巢的工蜂，担负着全巢的工作，等待着新蜂王的出房、交尾、产卵。至此，原来的蜂群分为两群，完成了群体的繁殖，分群活动也告结束。

蜂种和群势不同，自然分群的次数也不一样。通常情况只进行1次，但维持不了大群的蜂种以及群势特别强的蜂群，分群可能会接连进行第2次、第3次……第1次分蜂时，随着分出群飞走的是老蜂王，如果蜂群还继续分群，那么第2次及其以后随分出群飞走的是处女王，并有很多雄蜂随分蜂团飞走，以便飞到新址后与处女王交配。

第三节　主要品种品系蜜蜂生物学特性

一、意大利蜂

蜂王腹部棕黄色至暗棕色，多数尾部黑色；工蜂腹部一般有3个棕黄色环节，尾端3节黑色或有黑环，体长12～14mm，初生体重100mg左右，吻长6.3～6.6mm；雄蜂黄色，体躯粗大。

意大利蜂性情温驯，产卵力强，分蜂性弱，能维持大群；采集力强，善于利用大宗蜜源；产浆量高，造脾快，蜜房封盖属于"中间型"。缺点是对外界环境变化不敏感，消耗饲料量较大；不耐寒，越冬性能差，盗性较强，定向力差，抗病能力弱。

1. 美意蜂 蜂王黄色，尾部有明显的黑色环节；工蜂浅黄色，尾部有明显的黑色环节，吻长 6.41 ± 0.18mm；雄蜂黄色，腹部 5～6 节背板有黑色环带，体躯粗大。美意蜂王产卵力较强，卵圈集中，育虫节律平缓，蜂群发展平稳，能维持 9～11 张子脾，13～15 框蜂；分蜂性较弱，能养成强群，越冬群势 5～7 框蜂；产育力较高，子脾密实度高。

2. 澳意蜂 蜂王黄色，尾部黑色；工蜂腹部背板 2～5 节黄色，尾尖黑色，绒毛淡黄色，吻长 6.51 ± 0.11mm；雄蜂黄色。澳意蜂王产卵力较强，卵圈集中，蛹房密实度高，育虫节律平缓，蜂群发展平稳，能维持 9～11 张子脾，13～15 框蜂；分蜂性较弱，能养成强群，越冬群势 5～7 框蜂；产育力高，子脾密实度 90％以上。

3. 浆意蜂 蜂王腹部背板淡黄色；工蜂黄色，相间黑环，腹部黄色，尾部黑色，吻长 6.38～6.5mm；雄蜂腹部背板金黄色，有黑斑。浆意蜂维持群势较大，在强盛阶段保持 10 框蜂以上，越冬期 4～5 框蜂；育虫节律非常平缓，蜂王产卵强、无节制，哺育率高，子脾较大，单王群常年 6～8 张产卵，子脾密实度 85％～91％左右；盗性较强，防盗能力较弱或中等；72 小时产浆量 100～150g，年群产王浆 4～8kg。蜂王浆中 10—羟基—2—癸烯酸含量为 1.4％～1.8％，产蜜量低于其他蜂种。

二、卡尼鄂拉蜂

蜂王有黑色和花色 2 种，多数带有棕黄色环带；工蜂背板有较宽的暗灰色茸毛、体呈黑色，有的工蜂第 2～3 腹节背板有棕黄色斑，个体大小类似意蜂，吻长 6.4～6.8mm；雄蜂黑色，体躯粗壮。

卡尼鄂拉蜂性情温驯，春季繁殖较快，春末夏初易发生分蜂热，维持中等以上的群势；育虫节律陡，缺乏蜜源时，蜂王产卵和工蜂哺育幼虫有节制，蜜粉源充足时，才能维持大面积子脾；采集力强，善于利用零星蜜源，节省饲料；耐寒，越冬安全；定向力强，不易迷巢，不爱作盗；蜜房封盖为"干型"。缺点是维持大群能力差，不耐热，蜂王自然交替率比其他蜂种高。

喀尔巴阡蜂的蜂王个体细长，有黑色、花色2种；工蜂黑色，绒毛呈灰色，往往第1～2腹节有黄褐色环带和区域，个体略小于意蜂，吻长6.4mm左右；雄蜂黑色，个体粗壮。喀尔巴阡蜂对气候、蜜粉源敏感，育虫节律陡，蜜粉源丰富时蜂王产卵旺盛，蜂群繁殖较快；蜜粉源缺乏时降低繁殖减少活动，善于保存实力，子脾面积比卡蜂大，密实度高达95%以上，成蜂率高；分蜂性低于卡蜂，善于利用零星蜜粉源；耐寒，越冬安全，节省饲料；定向力强，不易迷巢，不爱作盗；蜜房封盖为"中间型"。缺点是平时非常温驯，流蜜初期比较暴躁，不耐热。

三、高加索蜂

蜂王有黑色和花色2种，多数腹部具褐色环节；工蜂腹部背板黑色，绒毛浅灰色，体形类似卡蜂，吻长6.5～7.2mm；雄蜂黑色，个体粗壮。

高加索蜂性情温驯，蜂王产卵力较强，分蜂性中等，采集力较强，既能利用大宗蜜粉源，也能利用零星蜜粉源；比较耐寒，越冬性能高于意蜂，但低于卡蜂；蜜房封盖为"中间型"。缺点是对外界条件变化敏感度低，秋季断子时间晚，工蜂频繁活动，容易秋衰；易感染孢子虫病；定向力弱，易迷巢；盗性强，防盗能力低。

四、安纳托利亚蜂

蜂王多为棕褐色，也有纯黑色；工蜂黑灰色，腹部背板1～2节有明显的黄斑或暗橙色环带，个体略小于意蜂；雄蜂黑灰色，个体粗壮。

安纳托利亚蜂王产卵力较强，春季发展较慢，以后繁殖超过其他品种；工蜂寿命相对较长，分蜂性比意蜂强；采集力强，节省饲料，既能利用零星蜜粉源，也能利用大宗蜜粉源；定向力强，不易迷巢；蜜房封盖为"湿型"。缺点是阴冷天或晚间以及蜜粉源不佳时比较凶暴，易感染大肚子病。

五、东北黑蜂

蜂王黑色，腹部有深棕色环带；工蜂黑色，有的腹节背板有黄斑，绒毛黄褐色，个体与卡蜂相似，吻长 6.4mm 左右；雄蜂粗壮，体呈黑色。

东北黑蜂春季发展较快，蜂王产卵力较强，育虫节律陡，分蜂性比高加索蜂弱；采集力强，既能利用大宗蜜粉源，也能利用零星蜜粉源；定向力强，不易迷巢；耐寒，越冬安全；蜜房封盖为"中间型"。缺点是性情比卡蜂凶暴，盗性较强，不耐热，易感染大肚子病和受蜡螟的危害。

六、新疆黑蜂

蜂王有纯黑色和棕黑色 2 种；工蜂棕黑色，少数腹部背板 2~3 节两侧有小黄斑；雄蜂纯黑色。

新疆黑蜂对当地的气候、蜜粉源等自然环境具有极强的适应性，抗逆耐寒，越冬安全；爱采树胶，分蜂性弱，繁殖快，抗螨能力较强，能利用大宗蜜源和零星蜜粉源均能充分利用。缺点是性情暴躁，易激怒，检查时不安静、爱蜇人。

练习题

1. 蜂群的群体是由哪些个体组成的？

2. 蜜蜂个体发育规律对指导养蜂生产有什么作用？

3. 蜜蜂主要有哪些腺体？这些腺体都有什么作用？

4. 蜜蜂群体生存受哪些因素的影响？

5. 蜜蜂个体间的信息传递依靠哪两种形式？

6. 自然分蜂期一般出现在什么季节？自然分蜂前有什么征兆？

7. 结合本地实际情况，叙述蜂群群势在一年中的消长规律。

8. 比较分析几种主要品种品系蜜蜂生物特性有什么差异？

第三章 养蜂常识

第一节 蜜粉源植物

在长期的自然选择和进化过程中，被子植物与昆虫形成了相互依赖的关系，植物靠昆虫传花授粉繁殖后代，昆虫靠植物提供饲料而生存。花是植物的生殖器官，花中的蜜腺分泌花蜜，雄蕊产生花粉（植物的雄性细胞），吸引蜜蜂等昆虫前来采集花蜜、花粉，因此，在养蜂生产中称泌蜜、吐粉的植物为蜜粉源。

蜜粉源是养蜂生产不可缺少的资源条件，它影响着蜂群的生存、繁殖和养蜂生产的经济效益，可以说，没有蜜粉源植物的存在就没有养蜂业，因此，蜜粉源被列为养蜂技术的三大要素之一。

蜜粉源是由众多的虫媒植物和部分风媒植物组成的。有木本植物，也有草本植物；有野生植物，也有栽培植物。从林区、山野到农田、牧场，从丘陵、荒坡到草原、绿地，从村庄、宅地到园林、路旁，凡是有植物生长的地方，都有蜜粉源存在。

一、主要蜜源

凡属于分布面积广，开花时间集中，流蜜期较长，流蜜量比较大，在整个开花期蜜蜂不仅能够采集到自身生存和繁殖所需要的饲料，而且还能够生产出较多的商品蜜的蜜源植物，均为主要蜜源。养蜂生产依靠主要蜜源生产商品蜜，没有主要蜜源养蜂就难以取得较好的经济效益。全国主要蜜源有几十种，如油菜、刺槐、荆条、椴树、紫云英、草木樨、向日葵等，都是在一个地区，分布面积广，流蜜量较大，能够生产商品蜜的主要蜜源。

二、辅助蜜源

辅助蜜源是指分布面积较小，流蜜量不大，在开花时期蜜蜂只能采集到维持群体生存和繁殖的饲料蜜，不能生产商品蜜的蜜源植物。养蜂利用辅助蜜源繁殖蜂群，培育采集蜂，待到主要蜜源花期以较强的蜂群生产商品蜜。全国辅助蜜源植物多达上千种，如柳树、杏树、桃树、蒲公英、瓜类、黄柏、香薷、三叶草、月见草、草莓等。没有辅助蜜源，蜂群就难于生存和繁殖，更谈不上生产商品蜜，因此对养蜂生产来说，辅助蜜源和主要蜜源同等重要。

三、粉源

粉源是指能够在花期为蜜蜂提供花粉的植物。粉源植物有两类，一类是开花有蜜有粉的植物，通常称其为蜜粉源植物，如柳树、蒲公英、瓜类、油菜、紫云英等，蜜蜂从这类蜜粉源植物的花朵上既能采到花蜜，也能采到花粉；另一类是开花有粉无蜜的植物，称其为粉源植物，如杨树、榛树、高粱、玉米、水稻等。花粉是蜜蜂所需的蛋白质、氨基酸、维生素等唯一的营养资源，是蜂群繁殖不可缺少的饲料，没有花粉蜂群就不能正常哺育蜂儿繁殖后代，也不能分泌王浆和蜂蜡，整个蜂群很快衰弱失去生机，因此，对蜂群来说粉源和蜜源同等重要。

第二节　养蜂场地和养蜂工具

养蜂场地和养蜂工具是从事养蜂生产的基本条件，是每个养蜂场都必须具备的。

一、放蜂场地的选择

蜂场环境与蜂群的生息有直接关系，首先应考虑到必须有比较理想的蜜源，不但有主要蜜源生产商品蜜，而且还要有辅助蜜源供给蜂群繁殖的饲料，既要有蜜源又要有粉源，以保障蜂群能够正常的繁殖。

定地饲养的蜂场，要考虑在主要蜜源流蜜前后都应有辅助蜜源，为繁殖采蜜蜂和恢复群势提供有利条件；转地饲养的场地也应力求繁殖场地和采蜜场地衔接，繁殖和采蜜相配合。

放置蜂群的场地要求背风、向阳、日照时间长，地面干燥不积水，附近应有清洁的水源，无自然敌害；场地不能靠近水库、湖泊、江河，以免采集蜂和试飞交配的处女王落水损失；也不能靠近铁路、工厂、公共场所，防止人为和机械环境损害蜜蜂。

放蜂场地与周围蜂场应当保持一定的距离，椴树蜜场地每距离 2km 左右可放 60～100 群；一般蜜源场地每距离 2～3km 放 50～70 群。放蜂场地还应该考虑到交通的便利，要靠近能通车的公路或铁路，以适应转地运输的需要。

蜂箱要根据场地情况布置排列，早春保温期可以 2～4 群为 1 组，组间左右距离 2～3m 远；平时可以单箱排列，箱间左右距离 1m 远。蜂箱前后距离都应在 6m 以上，巢门方向根据场地的条件朝南、东、东南都可以，但尽可能避免向西和北。气温稳定后，蜂箱要用砖头、石块、木桩等垫起 20cm 高，以便防潮通风和防止蚁类侵袭。

二、养蜂常用工具

养蜂生产常用的工具有：蜂箱、巢础，还有一些饲养管理及蜂产品采收时使用的工具。

（一）蜂箱

蜂箱是人工活框饲养蜜蜂和科学管理蜂群的主要用具。蜂箱是蜂群生活和贮备食物的固定场所，因此蜂箱制造必须适合蜜蜂的生活习性，而且要求规格一致、结构合理、坚固、轻便、经久耐用、造价低廉。我国饲养西方蜜蜂常用的蜂箱，有 10 框标准蜂箱、转地用 10 框蜂箱、横卧式蜂箱和 12 框方形蜂箱。

1.10 框标准蜂箱　又称郎氏箱，是世界上使用最广的一种西蜂蜂箱。由箱盖、副盖、继箱、巢箱、箱底、巢门挡、10 个巢框以及隔板等部件组成。

(1) 箱盖　又称大盖或雨盖，通常采用 15～20mm 厚的木板，制 1 个高 60mm 的框架，框架内围的长和宽比箱身外围的长和宽各大 10～12mm。框架上面钉一层 12～15mm 厚的木板，外加防雨材料即成。

(2) 副盖　又称内盖或子盖，是用 10mm 厚的木板拼制成的，长和宽与箱身的外围尺寸一致。

(3) 继箱　继箱的尺寸与巢箱一致，但生产成熟分离蜜、巢蜜的浅继箱，其高度只有 122mm。

(4) 巢箱　内围长 465mm、宽 380mm、高 245mm，板厚 22mm。箱前后壁内侧顶部各开一道放巢框用的框槽，槽口边上钉高 6mm 的铁引条。前后箱壁外侧凿一凹槽，作为搬动抠手。

(5) 箱底　箱底是活动的，由厚 22mm、高 54mm 的木方制成的长 590mm、宽与巢箱外围尺寸相同的"∩"形外框，框内开槽，槽中嵌上木板做底，正面高 22mm、反面高 10mm。

(6) 巢门挡　用一块长 400mm、宽高各为 22mm 的木方，放在箱底侧壁的槽内。在其下边中央开出高 10mm、宽 100mm 左右的巢门，巢门中设活动木条以调节大小开合限度。

(7) 巢框　由上梁、下梁和 2 个侧条构成。巢框外围宽 445mm、高 235mm，上梁 485 mm×27 mm×22mm、下梁 425 mm×15 mm×10mm，侧条 226 mm×27 mm×10mm，两框耳的厚度为 10mm。

(8) 隔板　是一块长宽和形状与巢框相同的薄板，厚 10mm，用以隔离蜂巢空位，达到保温和避免筑造赘脾的目的。

2. 转地用 10 框蜂箱　箱盖内高改为 80mm，前后框架上开有长 150mm、高 13～18mm 的通风孔，孔内装可向里推入的活动木条，内面左右两侧各加一条与箱盖内围等长、35mm 见方的垫木。副盖采用铁纱盖，箱底改为固定底，巢箱高改为 265mm。蜂箱的前后壁有的安装长方形铁纱窗，或在箱底中央安装有活动盖板的纱窗。此外，框槽不钉铁引条，巢门前方配有铁纱罩等。

3. 横卧式蜂箱　箱身长度和深度与 10 框标准蜂箱一致，只是箱体宽度随放置巢框数量增加而已。有 16 框、18 框、20 框和 24 框等多种规格，但多用 16 框横卧式蜂箱。横卧式蜂箱一般适用于气候较为寒冷的地区定地饲养。

4. 12 框方形蜂箱　由俄式蜂箱发展而来的，一个巢箱能容纳 12 个巢框。巢箱的内围长 455mm、宽 455mm、高 330mm，死箱底。继箱高 310mm，继箱和巢箱使用同种巢框。这种蜂箱仅限于寒冷地区局部使用，适合定地饲养。

（二）巢础

巢础是供蜜蜂筑造巢脾的基础，是利用蜂蜡片，经巢础机压印成两面初具凹凸正六角形巢房底和房基的薄片。如果没有巢础，蜜蜂就不能筑造出标准的巢脾。

养蜂生产上要求巢房的六角形准确，规格大小整齐一致，色泽鲜艳，房底透明度均匀，韧性大，放入蜂巢中不至于延伸、弯曲变形。巢础上房基的大小，都是模仿自然巢脾工蜂房规格而设计的，因此依据我国饲养的蜂种，有西方蜜蜂巢础和中华蜜蜂巢础两种。西蜂巢础房基大些，每平方分米两面约有房基 857 个；中蜂巢础房基小些，每平方分米两面约有房基 1243 个。另外，现在还生产专供蜜蜂筑造雄蜂房的雄蜂巢础，用于雄蜂蛹的生产或培育雄蜂。

（三）检查蜂群用具

1. 面网　防蜇用具，通常采用黑色纱网、白纱布或白色纱网制作。目前使用的为带帽和不带帽两种，前者可直接使用，后者需套在草帽或塑料盔帽上使用。

2. 起刮刀　由铁或钢锻打而成，一端是弯刃，一端是平刃。主要用以撬动副盖、继箱、隔王板、铲刮蜂胶和清理箱底污物等。

3. 蜂刷　用白色马鬃或马尾制成的长扁形毛刷，是清扫脾面、采浆框和育王框等附着蜜蜂的工具。

4. 喷烟器　镇压或驱逐蜜蜂用的熏烟工具，由燃烧发烟筒和弹簧风箱组成。

（四）饲喂器

饲喂器是用来盛装蜜汁、糖浆或水供蜜蜂取食的工具。饲喂器的品种、样式、规格有多种，常用的有巢门饲喂器和框式饲喂器。巢门饲喂器用玻璃瓶盛饲料，从巢门饲喂；框式饲喂器系用薄木板制成的扁形长盒，其大小似标准巢框。目前广泛使用的巢门饲喂器和框式饲喂器，都是采用无毒塑料注塑成型的产品。

（五）限制、诱入用具

1. 隔王板　有平面式和框式两种。主要用于限制蜂王产卵及活动范围，严格分清育虫区和贮蜜区，便于蜂群管理和提高蜜质。目前常用的有木竹隔王板、木塑隔王板等。

2. 全框诱入器　是采用木板和铁纱制成的长扁式蜂笼，其大小以容纳1张巢脾为度。诱入蜂王时，将带有蜂王和1框蜂的半蜜脾，置于诱入器中，插入蜂群内，经过1～2天后，即可撤出诱入器。全框诱入器介绍蜂王，安全可靠，蜂王照常产卵。

3. 罩式诱入器　是白铁皮和铁纱制成的扁形王笼，诱入器长65mm、宽47mm、高12mm、齿长7mm，并有一面敞口无铁纱，形似罩状。诱入蜂王时，将蜂王带几只幼蜂扣在既有蜜房又有空房的巢脾中间，待工蜂在罩外表示接受时，即可打开诱入器的阀门让蜂随意串通，以后撤去诱入器。罩式诱入器介绍蜂王，蜂王被罩在脾上，并有工蜂继续饲喂，能够产卵。

4. 框式王笼　是把巢框横竖隔成20～40个小单间，两面钉上铁纱，每个小间里放入装有炼糖的蜡碗。导送王台结束时，剩余的成熟王台不要继续留在育王群中，要立即装入框式王笼，放到无王群的子脾中间贮存。新蜂王出房后被隔离在笼内，有饲料，有子脾和蜜蜂保温，能存活10～20天，随用随取。

（六）蜂产品采收用具

1. 割蜜刀　一般割蜜刀系用纯钢片制成，两面有刀刃，还有电热割蜜刀、气热割蜜刀等，主要用来割除封盖蜜脾上的蜡盖。

2. 摇蜜机　是分离巢脾内蜂蜜的机具，多用镀锌铁皮、不锈钢或塑料制成。目前常用的是两框换面式摇蜜机，还有两框活转式摇蜜机、辐射式摇蜜机和电动摇蜜机等。

3. 塑料台基　是用无毒透明塑料制成的专供生产蜂王浆使用的台基，形状与蜡制台基相仿。目前我国对塑料台基的研制已取得很大进展，有单个塑料台基、8 联塑料台基、15 联塑料台基、30 联塑料台基以及 32 联、33 联等多种规格和类型的台基。塑料台基强度高，排列整齐，有利于进行机械化采浆。

第三节　蜂群的检查和蜂巢调整

一、蜂群的检查

检查蜂群是管理蜂群的一项基本功，通过检查蜂群，掌握其内部情况，采取必要的处理措施，使蜂群按计划发展壮大。检查蜂群要有目的、有计划地进行，不能任意开箱做不必要的检查。因此，要根据蜂群的内部情况和外界条件分别进行全面检查、局部检查和箱外观察。

（一）检查蜂群的气候条件

检查蜂群要选择风和日暖的天气。繁殖期巢内有子脾，一般宜在气温 16℃～30℃的范围内进行，气温过低容易冻伤蜂儿，过高蜂儿受干渴发育不良；早春蜂群排泄时巢内子脾少，气温在 8℃以上就可以开箱快速检查；晚秋无蜜源易起盗蜂，巢内又无子脾，应在早晨和傍晚蜜蜂不大量飞行时检查蜂群，但气温也不能低于 5℃，防止蜜蜂受惊飞出或失落箱外，冻僵难于归巢。

（二）检查蜂群的基本过程

检查蜂群的人要手上、身上无特殊气味，最好身穿浅色工作服，戴上套袖、面网；准备好起刮刀、蜂刷、割雄蜂蛹刀、检查记录本等。要站在蜂箱的一侧，轻轻取下蜂箱大盖翻放在箱后的地上，再取下纱盖放在箱前，揭开覆布，接着开始提脾，有被蜂胶粘住的巢框要用起刮刀启动框耳。如果巢脾满箱，要先提出一张巢脾暂时放在空箱里或立于箱前侧。提脾的方法是：用双手的拇指和食指捏住巢脾上梁两侧的框耳，垂直提起来，看完一面需要看另一面时，一手升高一手降低将上梁垂直地竖起来，以上梁为轴，使巢脾向外转动半圈，然后双手端平，使下梁向上，巢脾的另一面即翻转到面前，始终保持巢脾垂直状态，看完之后再逆着上述顺序恢复原状放回箱中。检查时，务必使巢脾在蜂巢上方活动，不可任意将脾提到别处去看，防止蜂王和幼蜂失落箱外。检查蜂群的人，心里要安静，眼睛要准，手要轻、快，行动要稳，聚精会神，仔细查看，不要手忙脚乱压死蜜蜂惹其激怒；万一被蜂蜇刺也不必慌乱，应放稳巢脾之后再拔蜇针或洗去蜂毒气味。初养蜂者首先不要怕蜇，逐渐锻炼到少挨蜇或者不挨蜇。全群检查完之后依次放好巢脾，盖好覆布、纱盖和大盖，写好记录，再检查下一群。

（三）检查蜂群的方法

1. 全面检查　检查的目的是要了解蜂群的详细情况，以便采取必要的措施，多用于了解群势强弱、子脾数量、蜂脾关系、饲料情况、有无病虫害、蜂王产子、蜂儿发育情况、工蜂工作情绪、消除雄蜂蛹和自然王台、衡量扩巢和缩巢，根据计划确定下一步的措施等。对蜂群全面检查的次数不宜过多，繁殖季节每月进行2～3次即可。

2. 局部检查　只是用来了解某一方面的问题或实行1～2项措施，以及在外界缺乏蜜源和气温较低不适合于全面检查时，可以不拆动整个蜂巢，只提几张脾进行快速的局部检查。

（1）隔板外挂蜂是蜂数已经增长，要考虑加脾扩巢。

（2）子脾上方有封盖蜜说明饲料还充足，若子脾上部无蜜房是缺蜜现象应及时补充。

（3）巢房内有新产的卵（卵站立着）证明蜂王正常存在，不必逐脾寻找蜂王；脾上有急造王台是失王现象，应考虑介绍蜂王的措施；有自然王台说明出现分蜂热，应采取解除分蜂热的措施。

（4）蜂巢内出现自然脾，应该加巢础造新脾；蛹脾房盖有塌陷、穿孔或幼虫变色、腐烂，说明已经发生幼虫病；蛹脾上有蜂螨活动，说明螨害已经达到一定程度，应考虑治疗等。

3. 箱外观察　通过箱外观察可以了解到蜂群里的一些情况，发现或判断一些问题，以便得到及时处理。

（1）失王群　工蜂在巢门前乱爬，采花粉的工蜂减少。在断子期，工蜂则在巢门前惶恐不安，嗡嗡振翅。若在蜂箱前找到蜂王尸体，更加证明该群失王。

（2）蜂螨寄生严重群　箱前有拖出的工蜂蛹和爬行的发育不健全的幼蜂，蜂体上能看到寄生螨。

（3）有分蜂热群　飞出去采集的外勤蜂比同等群势明显减少，进粉不旺盛，箱门前挂"蜂胡子"。

（4）外界出现主要蜜源　回巢的外勤蜂多数腹部较大，往踏板上落得笨重，常常坠落在地上。

（5）外界蜜源缺乏　巢门前的工蜂较多，互相咬揪，有盗蜂活动。

（6）很多工蜂死在箱前　可能是中毒或遭受病虫害、盗蜂等，应查明原因。

（7）工蜂采集勤奋，采粉工蜂较多　说明蜂群正常繁殖，有积极的工作情绪。

（8）巢门前工蜂拖出蛹、虫　说明外界无蜜源巢内严重缺蜜或者缺粉，已达到弃养程度。

（9）在正常增殖期，巢门前工蜂熙熙攘攘，气温高时聚集于箱前部或踏板上，说明群势增长，应考虑扩巢。

4. 捉蜂王　检查蜂群实行某些措施，有时要捉蜂王。要准确轻捉轻放，以两个手指捏住蜂王的翅膀，也可以轻轻地捏住胸部，但不可抓腹部。操作时要从蜂王的后部趁其安静时下手，不要迎着头部下手，防止蜂王受惊。初养蜂者应先练习捉雄蜂，熟练以后再捉蜂王，以免捉不准或手重捏伤蜂王。

5. 抖脾脱蜂　抖脾脱蜂是养蜂者必须掌握的基本功，久练才能运用自如。脱蜂时，要两手握住框耳，利用腕力往下猛抖 $1 \sim 3$ 下，脾上大部分蜂被抖落，剩余的少数蜂用蜂刷轻轻扫去。抖动巢脾切忌翻动或歪斜脾面，要保持巢脾垂直，往下用力震抖，不要往上用力过猛影响脱蜂效果。

6. 巢脾的摆放　检查蜂群时，巢脾的布置要合乎蜂群内部繁殖的需要，不能任意摆放，破坏了蜂巢的结构。一般繁殖期间的平箱群，蜜粉脾放两侧，从两侧往里依次放新蛹脾、虫脾、卵脾、老蛹脾。这样，老蛹脾在中间出房之后蜂王很快能产上卵，待下次检查时新蛹脾变为老蛹脾，卵脾变为虫脾，老蛹脾变为卵、虫脾。这时把两侧老蛹脾调入中间，其他脾依次调换即可。

二、蜂巢的调整

一个蜂群的蜂巢不是固定不变的，要根据气候、蜜粉源情况以及巢内蜂数、子脾数的变化，不断进行调整。

(一) 蜂脾关系及其运用

调整蜂脾关系是管理蜂群的一种技术手段，人为地给蜂群安排相应的蜂脾关系，可以改变蜂群的内在条件，引起数量和质量的变化。

1. 一张标准巢脾，两面爬满工蜂为 1 框蜂。一群蜂有几张脾，有几框蜂，是蜂多脾少，还是蜂少脾多或者是蜂脾一致，即蜂和脾的比例，叫作蜂脾关系。

通常使用的有蜂多于脾（蜂数比脾数多 3 成以上）、蜂略多于脾（蜂数比脾数多 $1 \sim 2$ 成）、蜂脾相称（蜂数和脾数基本一致）、脾略多于蜂（脾数比蜂数多 $1 \sim 2$ 成）、脾多于蜂（脾数比蜂数多 3 成以上）等蜂脾关系。

2. 蜂脾关系的运用贯穿于蜂群的饲养管理整个过程，一年四季，不管是繁殖期还是越冬期、越夏期，都要涉及如何正确掌握蜂脾关系的问题。管理蜂群时调整蜂脾关系不能凭主观愿望决定，必须根据蜂群、气候、蜜源等客观因素来决定。如果不分什么样的群势和蜜蜂品种，不分处在什么样的气候和什么样的蜜源条件下，均按相同的蜂脾关系布置蜂巢，那么，只能贻误蜂群的发展，达不到管理蜂群的目的。因此，要准确观察气候和蜜源的变化，针对蜂群的消长规律及其所处阶段的特点，相应的运用蜂脾关系，使当时所使用的蜂脾关系有利于蜂群的繁殖、生产和越冬。

（二）蜂路及其运用

在蜂巢里，巢脾之间的距离叫蜂路。在处理蜂脾关系和调整蜂巢时，都要根据不同季节的需要，使用不同宽度的蜂路，通过扩大或缩小蜂路，可以使蜂群达到密集保温或疏散通风的目的。

在春、夏、秋繁殖期常用 9～10mm 蜂路，因为蜜蜂身高 4mm，蜂路两侧巢脾上爬满蜜蜂，背靠背占 8mm，还有 1～2mm 的空隙，这样既不妨碍蜜蜂在巢脾上工作，又有利于蜜蜂护巢、保温、通风等活动，所以这种规格的蜂路适合繁殖期使用。

在春季繁殖期，有时使用 7mm 蜂路，这是一种最小的蜂路，只能容许蜜蜂挤在蜂路里工作，这种蜂路在脾多于蜂的情况下可使用一个阶段，但时间不宜过长。

在流蜜期，气温高，蜂群强，可使用 12～14mm 蜂路，以适应蜜蜂贮存和酿造蜂蜜的需要。

越冬期一般使用 12mm 左右的蜂路，促使蜜蜂在结团时加厚蜂层，有利于安全越冬。

（三）扩大蜂巢

蜂群从早春在蜂多于脾的基础上，随着气温的上升、蜜源的出现、卵圈的扩大、幼蜂的出房、群势的增长、蜜粉贮存量的增加，原有蜂巢已经不能满足蜂群繁殖和采集的需要，这时就要按着蜂群发展的情况和所处的自然条件，适时添加巢脾或巢础扩大蜂巢。

扩大蜂巢是改变蜂脾关系或保持蜂脾关系的基础，是增殖期管理蜂群的重要环节。扩大蜂巢要有依据，要有目的。无论何时加脾、加巢础都应遵循当时群势、气候和蜜源所要求的蜂脾关系，不应因加脾而破坏了适宜的蜂脾关系。特别是气候多变的春季，加脾的依据是蜜蜂能否密集护脾，而不是蜂王产卵巢房的余缺，若只按产卵需要而忽视蜂脾关系去盲目扩巢，势必浪费哺育力和产卵力，降低了繁殖效率。

1. 根据气候和群势加脾扩巢　春季给弱群（1～3 张脾）加脾要先放在子脾外侧，待蜂王产上卵后再移入里侧，因为弱群增加 1 张巢脾突然扩大了 1/4～1/2 的蜂巢，再说蜂王不一定很快在脾上产满卵，结果形成空脾隔离子脾，势必影响蜂儿的发育；给 4 张脾以上的蜂群加脾则可以直接放入子脾中间，因为这种蜂群适应性较强，加 1 张脾扩巢的比例较小，在与弱群同等蜂脾关系的条件下，加脾之后蜂脾关系变化幅度较小。任何蜂群加脾都不应该以空脾隔开 1 张子脾，要放在 2～3 张子脾里侧的蜂王产卵区。

2. 根据蜜粉源情况加脾扩巢　在缺乏蜜粉源时使用褐色脾；在有蜜粉源时使用浅色脾；在蜜粉源丰富时使用半成脾或巢础；在蜜粉源缺乏或巢内缺蜜时使用带有边角蜜的巢脾，脾中部的封盖蜜要削盖，未封盖蜜房要喷以糖水，促使蜜蜂搬走；缺粉时使用带有花粉圈的巢脾；流蜜期缺脾可加一般巢脾或巢础。

加脾的时间也要根据蜜粉源而定，无明显蜜粉源时可在检查蜂群的过程中随时加脾；在蜜源丰富时则应在傍晚加脾（此时白天加脾随时都会被工蜂贮存蜜粉争占巢房，影响蜂王产卵），并且在第 2 天上午要检查产卵情况。如果脾上未产卵或已被蜜粉争占巢房，应暂时撤出来，待傍晚再重新加入适当的巢脾。

（四）缩小蜂巢

秋季，气温逐渐下降，蜜源稀少，蜂群的繁殖势力随之减弱，从强群保持期过渡为群势衰退期，蜂数减少，巢脾显得过多，蜂脾关系发生变化，为此要及时缩小蜂巢，保持蜂群现有实力；在蜂群的繁殖期，因蜜粉源缺乏而影响繁殖或者受病虫害危害，蜂儿或成年蜂死亡率较高，导致群势下降，蜂脾关系也发生较大的变化，为此也要及时缩小蜂巢，维持相应的蜂脾关系，以利于蜂群的恢复。缩小蜂巢有以下两种方法：

1. 局部缩小蜂巢　按当时所需要的蜂脾关系，把子脾集中布置在蜂箱的一侧，多余巢脾暂时放于隔板外侧，或者把子脾布置在巢箱，上面斜盖覆布，使之露出 2～3 个盖不着的箱角作为蜂路，多余的巢脾放于或逐步放于覆布上面的继箱里。这样，当气温较低时蜜蜂便密集到子脾上，气温较高时还有疏散的余地，起到了缩小蜂巢的作用。这种方法适合于秋季缩巢，也适合于繁殖期临时缩巢。

2. 全面缩小蜂巢　按当时所需要的蜂脾关系，把应该留的巢脾集中在一起，放于巢箱或巢箱的一侧，多余的巢脾全部撤出去，多余的箱体（继箱）也同时撤去。这种方法适合于晚秋断子期缩巢，也适合于受病虫害影响群势下降的蜂群缩巢。

（五）蜂群的迁移

蜂群一般不能就地随意移动位置，因为蜜蜂在一定的飞行范围以内记忆蜂巢的能力很强，一旦将蜂群所在的蜂箱移到附近新位置，飞翔蜂仍然飞回原处。所以在迁移蜂群不超过 2.5km 时，应当首先将蜂群移到采集蜜源的相反方向 3km 以外，6～7 天以后再运回迁移的新地方。如果在本场进行短距离移动蜂群，要每隔 1 天移动一箱远的距离，渐渐移开原位置向新位置靠近。在早春和晚秋气温低或阴雨天，蜜蜂有 5～7 天没有飞行活动，也可以直接迁移到附近新址。

迁移蜂群，如若用人抬或挑往附近的地方，可以不包装，注意稳行轻放保持箱体平衡不倾斜。若是迁往较远的地方，特别是用车运，应当进行包装，把箱内的巢脾用距离夹固定，使之不至于因运输震荡巢脾而挤在一起，箱上口的纱盖应钉牢，继巢箱之间要钉以板条连成一体，待晚间外勤蜂归巢关闭巢门以后，再运走蜂群。

（六）蜂群的换箱

在养蜂日常工作中，常常根据管理措施的需要进行换蜂箱，如不注意，容易造成混乱或偏集，影响蜂群的繁殖和生产。换蜂箱时，要把被换蜂箱往后移动一箱远，在原位置上放应换入的空箱，把原箱的巢脾带蜂和蜂王按原顺序提入空箱中，再往箱门前的踏板上抖落一框蜂，以引导外勤蜂落下，如果换的是新蜂箱无蜂巢气味，应在踏板上放一块本群的木隔板或自然脾招蜂进巢。

1. 两箱换入一箱　有时为了保温或管理的需要，把 2 个弱群换入一箱。这时要在两群的原位置中间放 1 个双格蜂箱，然后将两群的脾和蜂按自己的原位置分别提到双格箱，每格放一群。并且仿原巢门位置留 2 个巢门，使外勤蜂分别进入本群，以免混乱围王。过 2~3 天以后两群气味混合，可以把 2 个巢门调到一起，中间隔"▽"形木块，这样便于调整平衡外勤蜂。

2. 一箱换入两箱　在一箱繁殖到满箱，要分巢换入两箱时，在原群的位置上放 2 个紧靠在一起的蜂箱，把蜂和脾按原位置从双格箱内分别提到 2 个空箱内，两群的巢门暂时留在两箱紧靠的位置上，傍晚将两箱拉开一点距离，以便盖严大盖，以后逐渐把箱门改到中间。

第四节　诱王与合群

一、诱王和换王

当蜂群失王进行补充蜂王时，当蜂群的蜂王衰老、残废、产卵不佳需要更换优质蜂王时，都要通过诱王和换王的方法来达到延续蜂群生存和繁殖的目的。

（一）诱王和换王的条件

1. 天气良好，外界有良好的蜜粉源，外勤蜂忙于采集，蜂群不起盗蜂。

2. 在诱王的当天该蜂群不受干扰（如摇蜜、盗蜂袭击、敌害侵袭、施药治螨的刺激、人为震动等引起的激怒），并且在诱入蜂王以后3天内不惊动蜂群。

3. 被诱入蜂王的蜂群无自然王台和急造王台，无处女王，有卵虫脾。如果是换王群，撤走原王时间不要过长，最好是在工蜂还未筑造王台之前。如果是失王群，其失王时间不长，群内还有虫蛹脾，尚未出现工蜂产卵。

4. 被诱入的产卵新王，最好是已经产卵10天以上，诱入之前未曾停止产卵（已装笼幽闭过的停产蜂王不宜介绍）。被诱入的处女王出房不超过3天。

（二）诱王和换王的方法

1. 直接诱王法　在外界蜜粉源旺盛、工蜂忙于采集、警戒性较低的时候，把被诱入的蜂王从原群中带脾提来，同时在无王群中也提出一张幼蜂较多的子脾，把2张脾放平，使上梁或下梁对接在一起，轻轻地将蜂王从原脾上赶入无王群的子脾上，观察1～2分钟，待蜂王安定自如、工蜂无任何敌意时，即可把脾放回箱中。或在蜜蜂正常采集飞翔的时间里，从被诱入蜂王的无王群中提出2～3张脾，将蜂抖落在巢门前的踏板上，然后把蜂王轻轻放入涌向巢门的蜂群中，使其同该群的蜜蜂一起从巢门爬进蜂巢。

2. 气味诱王法　在诱入蜂王前1～2小时，将切碎的葱蒜类分别放入无王群和被诱蜂王所在的蜂群中，使两群气味相同，傍晚，将蜂王抓来放入无王群的巢门，让它自己爬进蜂巢即可。或在混合气味之后，傍晚，从有王群中提来带有蜂王和工蜂的卵虫脾放入无王群的隔板外，过2天之后将这张脾提进隔板里侧，重新调整。

3. 王笼诱王法 把被诱入的蜂王装入王笼内（不带工蜂），放在应诱入蜂王的蜂群子脾中间，过 1～2 天观察王笼周围工蜂的表现，如果工蜂紧围王笼，激怒敌视蜂王，切不可放王出笼。应检查群内是否还有王台或蜂王，处理完之后，过 1～2 天再观察，直到工蜂表示"欢迎"时（在笼外饲喂蜂王，不紧围敌视）再放王出笼。王笼诱王法的缺点是蜂王装在笼内停止产卵，腹部收缩，蜂群接受较慢；其优点是蜂王装在笼内，蜂群接受就放出，不接受就继续关在笼内，有缓冲的余地。

4. 利用幼蜂诱王法 几次诱入蜂王都未成功的蜂群，或者刚产卵几天的新蜂王提前往蜂群里诱入，特别是诱入新引进的种蜂王，在王笼内关闭多日，腹部收缩不易被工蜂接受。在这种情况下采取抛开外勤蜂利用幼蜂诱入蜂王的方法比较有把握。方法是在被诱入蜂王的巢箱上放铁纱盖，纱盖上放 1 个继箱，继箱里放 2～4 张带蜂的老蛹脾和 1 张蜜粉脾，继箱在任意方向开一巢门，待组成 24 小时之后外勤蜂飞走，只剩幼蜂时，把蜂王直接放在子脾上，当蜂王在继箱内产卵一段时间，再逐渐与巢箱合并。

5. 处女王诱入法 诱入处女王比诱入产卵王困难得多，一般的失王群不易接受。失王时间较长、群内已出现封盖王台、子脾上已断绝卵虫的蜂群，或者失王群正处在分蜂热期，尚有自然王台，这样的蜂群易于接受处女王。

（1）直接诱入 诱入处女王之前要细致地检查蜂群的每 1 张巢脾，毁掉急造王台。傍晚在无王群中提出 1 张子脾，把刚出房的处女王直接放在上面，观察 1～2 分钟，工蜂不追不围，即可将脾带蜂王放回箱中。

（2）王笼诱入 利用直接诱入法未被接受的处女王和出房 1 天以后的处女王，可利用王笼诱入法导入蜂群。

（3）王台壳诱入法 把王台壳的前部出房口用少许薄蜡片粘住，并扎上小孔，在后部扒开一个进口，将处女王头部向前装入王台壳中，用蜡封上后口，像一只成熟王台那样送入无王群中。

这时处女王在王台里活动，工蜂围拢而来，从王台中解放出处女王。

6. 多次不接受蜂王的失王群处理方法 连续以各种方法介绍蜂王而不肯接受的蜂群，不要盲目继续介绍蜂王，应该对蜂群进行全面检查，采取适当的措施。如果蜂群失王的时间在 10 天以内，巢内还有一些蛹脾，外界的条件有利于诱入蜂王，那么，应调入 1～3 张幼虫脾，继续诱入产卵蜂王。若失王时间超过 15 天，巢内蛹脾已经为数不多，这种无王群的工蜂卵巢已经发育，接近了工蜂产卵的边缘，故不可继续诱入产卵蜂王，应改为诱入成熟王台。当处女王出房后，要向该群调入 2～3 张卵虫脾，既能加快处女王交尾，也能利用工蜂的哺育力，缩短本群的断子期。

（三）围王及其解救方法

1. 围王 围王就是在一定的条件下，部分工蜂对蜂王产生敌意，追逐刺杀，团团将蜂王围住，有的工蜂出于保护的目的也围拢而来，越围越紧，甚至工蜂互相刺杀，有时很快将蜂王围死。在介绍蜂王的过程中由于条件不够，或操作方法不当，或者诱入蜂王后急于检查而引起工蜂对蜂王的怀疑，在检查蜂群时工蜂和蜂王受惊、受盗蜂、气候、气味等影响，在处女王试飞交尾时飞错巢门，在合并蜂群时方法不对头等情况下都容易发生围王现象。

2. 解救方法 遇到围王现象，不要慌忙用手解救。若围势较轻，先用蜜水浇散围王的工蜂，再往蜂王身上浇一些蜜，这样工蜂都忙于清理蜂体和吸吮蜂王身上的蜜，逐渐消除了围王的意念，要马上盖好箱盖，2～3 天内不要惊动；若围势严重，把围王的蜂团放入水中，蜜蜂随即散开逃走，把蜂王救出装入王笼，暂时放在蜂群中。找到围王原因经过适当处理，再按王笼介绍法导入蜂群。

二、无王群的合并和工蜂产卵群的处理

（一）合并蜂群的条件

合并蜂群需要具备一定的条件，才容易成功。

1. 外界要有较为丰富的蜜源，蜂群忙于采集，警戒性低，不起盗蜂；若外界缺乏蜜源时，在蜂群合并前2天开始进行奖励饲喂。

2. 蜂群处于安静状态，没有受到任何干扰（如摇蜜、敌害、施药、搬运等所引起的蜜蜂暴躁激怒）。

3. 保证无王群内绝对没有蜂王和王台，失王时间不过长。

4. 被合并的无王群要比有王群弱，保证有王群占优势。

（二）合并蜂群的方法

1. 直接合并法　早春蜂群排泄的最初几天，群体生活尚未趋向正常，蜜蜂敏感性较低，这时可以直接将无王群合并入有王群，或者从强群中撤蜂直接加强弱群。在排泄2天之后进行合并时，应将合入的蜂带脾放于隔板外侧，让蜂自己爬进隔板里侧。

繁殖期一般蜂群不能直接合并，但利用幼蜂可以达到直接合并的目的。方法是：首先选择一个良好天气的上午，把应合并的蜂群（或者把蜂群里幼蜂较多的巢脾提出来），放在新位置的蜂箱里，并要打开巢门放走外勤蜂，然后在傍晚把这些幼蜂直接合并入应合并的蜂群中去即可。

2. 混合气味合并法

（1）白天把无王群的急造王台削净，傍晚将无王群移进有王群的蜂箱里，两群中间留20cm宽的空隙，接着往蜂巢里喷几下烟混合气味，盖好箱盖，2～3天不要开箱惊动。

（2）在合并之前将切碎的葱末撒进两群的蜂路中，过1～2小时把两群提到一个箱里即可。

3. 间接合并法　傍晚，在有王群的巢箱上加1块铁纱或纱盖，然后放上继箱，再把无王群的巢脾全部提到继箱内，过1～2天上下气味串通，撤去铁纱。再过1～2天上下串动巢脾，进行调整。

或者在有王群的巢箱上铺1张扎有许多小孔的报纸，纸上面加1个继箱，接着把无王群的巢脾全部提入继箱内。盖好箱盖，过 1～2 天两群气味串通混合，报纸被蜜蜂咬破，合并即告成功。此时，撤去碎报纸，统一调整蜂巢。

采用上述方法须注意，无王群要就近合入有王群，以便外勤蜂同时进入有王群。如果两群距离几米远，可以逐渐移动箱位，待两群接近时再合并。

（三）工蜂产卵及其处理方法

繁殖期蜂群失王以后，不及时补充卵、虫脾，断子 15 天以后就要发生工蜂产卵现象。这是因为蜂王体外分泌的一种抑制工蜂卵巢发育的蜂王物质，在无王群中消失了，所以，一部分工蜂的卵巢发育乃至产卵。工蜂产卵时，在 1 个巢房里产 3～5 粒甚至更多的卵，并且因为工蜂腹部较短，许多卵产在巢房壁上。这种卵是未受精卵，只能发育成雄蜂。发生工蜂产卵是蜂群管理不善的结果，也说明蜂群的群体生命处于难以延续的地步。

1. 防止发生工蜂产卵　只要注意在蜂场上不长期饲养无王群，出现无王群及时处理，暂时处理不完的无王群要定期补充卵虫脾，使其群内不断产生幼虫，就不会导致工蜂产卵。新蜂王采蜜群和交尾群，断子时间较长，要在处女王产卵之前每 5～7 天补充 1 张卵虫脾，这样一旦失去处女王，蜂群内仍有虫脾，不至于因为断子而使工蜂产卵。

2. 工蜂产卵蜂群处理　已经确定是工蜂产卵的无王群，就不要往有王群中合并了，也不要往这种无王群诱入产卵蜂王。这时要把工蜂产卵的巢脾全部撤走，再送入与这个蜂群群势相等的卵虫脾，使工蜂陷入哺育幼虫的繁重负担中。接着，再导入 1 只处女王或成熟王台，当处女王交尾产卵后，这个蜂群也就恢复了正常的生活秩序。

第五节　蜂群饲喂和预防盗蜂

蜜蜂生活所需饲料主要是靠自己在外界蜜粉源植物上采回来

的。如果外界缺少蜜粉源，或者气候变化连续阴雨天，蜜蜂采回的饲料供应不上蜂群的需要，就应该对蜂群进行饲喂。缺乏蜜粉源，还要预防蜂群发生盗蜂。

一、补充饲喂和奖励饲喂

补充饲喂和奖励饲喂不能混为一谈。补充饲喂是指按着蜂群各时期应具备的饲料标准，在巢内缺乏饲料而外界又无充足的蜜源时，给蜂群补充饲料，以维持其应有的饲料贮存量，其特点是饲喂量大，饲喂次数少。奖励饲喂是指在繁殖期，外界蜜源较差时，为了刺激蜂群繁殖的积极性，在巢内饲料充足的基础上，每天傍晚以稀薄的蜜汁或糖浆，连续饲喂多日，直到外界出现丰富的蜜粉源，其特点是饲喂量小、饲喂次数多。

（一）补充饲喂

补充饲喂最好使用贮备的蜜粉脾，直接加入或换入蜂巢。在蜂群不需加脾时，可以把蜜脾割开房盖放在隔板外侧，让蜜蜂自己把蜜移到隔板内的巢脾上。在无蜜脾的情况下，补充饲喂蜂蜜或糖浆，浓度不可过于稀薄。早春和晚秋气温较低，使用成熟蜜喂蜂时，以9份蜜加1份水，然后加温到60℃；使用白糖喂蜂，应以7份糖加3份水溶化。若在气温较高的季节里，蜂群强壮，喂蜂蜜应以7份蜜加3份水，喂白糖应以5份糖加5份水。补充饲喂宜使用饲养器或者将蜜汁、糖浆灌入空脾中放进蜂箱让蜂自己搬运，要利用1～2个晚间喂足。

（二）奖励饲喂

奖励饲喂不可盲目进行，要在蜂群、气候、蜜源3个条件容许时才能进行。当蜂群进入增殖期，特别是关键性的繁殖阶段（如繁殖采集蜂或越冬蜂），巢内饲料不足，外界气温逐渐稳定，已经没有影响蜂群繁殖的低温寒潮，外界蜜源稀少，起不到刺激蜂群积极繁殖的作用时，可以进行奖励饲喂。春季必须在外界出现辅助蜜源以后，越冬蜂已经更新，蜂群的繁殖力增强，以及蜜源临时中断或连续阴雨，蜂不能飞出采集时，进行奖励饲喂。但当蜂群发生消化系统疾病时，不宜利用稀薄饲料奖励饲喂。奖励饲喂的饲料含水量较大，应现用现调配，以防久放变酸发酵。配制方法是：以 5 份蜂蜜和 5 份水加温溶化配制成蜜汁，或者以 4 份白糖和 6 份水加温煮沸配制成糖浆。每天傍晚利用饲养器或用壶浇灌边脾饲喂 1 次，每群每次 200～300g。如果缺花粉，可以结合饲喂花粉或代用品（将储备的花粉或代用品混合入饲料内）进行饲喂；如果预防疾病，也可以把药物混入饲料同时饲喂。

二、盗蜂

盗蜂常在外界无蜜源时发生，对蜂群的危害很大。每个养蜂者时刻都要注意预防盗蜂的发生。

（一）盗蜂的识别

在缺乏蜜源季节，外勤蜂从野外采不到花蜜，到处寻找采蜜时，经常出没在蜂群的巢门前，时常蹿入戒守不严的蜂群中，在蜜脾上吸吮蜂蜜盗回本群，像发现蜜源那样招引更多的外勤蜂参加"偷盗活动"。如果被盗群有抵抗能力，就与盗蜂互相厮杀，驱逐盗蜂；如果被盗群无抵抗能力，只好任其将巢内存蜜盗光，以至全群饥饿而死。作盗的蜜蜂多为身上绒毛脱落，腹部光亮的老蜂。

被盗群的巢门前比较混乱，工蜂相互撕咬、斗杀，地上有被蜇刺中毒而死的工蜂（弱群无抵抗力这种现象不明显），进巢门的工蜂腹部小，出巢门的工蜂腹部大（蜜囊中吸满蜜），行动慌张，如果用手挤压钻出巢门的盗蜂腹部，蜜即从吻中流出。而作盗蜂群的巢门前外勤蜂像采集丰富蜜源那样忙碌，进巢门的腹部大，出巢门的腹部小，如果作盗多时，巢内已有盗回的新蜜。要想分辨出作盗群，可往被盗群巢门前正在乱飞的蜜蜂中撒一把面粉，然后观察其他蜂群巢门，若黏附面粉记号的归巢蜂较多即是作盗群。

被盗群多为弱群、无王群、蜂少脾多的群，或者刚开箱检查处理过的蜂群，刚补喂过蜜糖饲料的蜂群，以及使用挥发性药物防治蜂病的蜂群。因此，蜂群起盗的原因与饲养管理方法有着直接关系。另外，盗性与品种也有关系，有的品种盗性较强，防卫能力较弱，容易作盗或被盗；有的品种盗性则较弱，防卫能力较强，不爱起盗。

（二）预防盗蜂的措施

在饲养管理蜂群的日常工作中，要养成注意防止盗蜂的习惯，不给蜂群造成任何作盗机会。要常年饲养强群，并保持长期饲料充足。无蜜源期不饲养弱小蜂群，无王群要及时合并或介绍入蜂王。除了大流蜜期之外，要撤出巢内空脾，保持蜂脾相称。缺乏蜜源时期要缩小巢门，白天少检查不喂蜜。平时还要注意不把蜜汁糖浆洒在蜂箱外边，场地上的蜡原料要随时清理干净。巢脾、蜂蜜要严加保管，减少招引盗蜂的机会。易起盗蜂期间，不使用容易引起盗蜂的药物防治蜂螨和病害。对于盗性较强、防卫能力较差的蜂种（如高加索蜂等），要针对其特点，把防盗措施贯穿于饲养管理的过程中。在蜜源终止之前安排好防盗措施，容易起盗蜂的季节要注意巡察，若有盗蜂苗头应及时处理。

（三）处理被盗蜂群的方法

1. 如果初起盗蜂不严重，可以把被盗蜂群的箱前用树枝和乱草遮挡一下，或者安上防盗蜂巢门（用板条锯成 N 形的弯曲巢门洞），并且在踏板上抹一些煤油或卫生球粉、石炭酸等有气味的物品驱赶盗蜂。

2. 如果是一群盗另一群，可以把作盗群和被盗群互换位置，迷惑盗蜂。

3. 如果多数蜂群同时被盗，最可靠的方法是把被盗群转移到距离原场 2～3km 的地方，暂时放一段时间，待蜂群秩序恢复正常之后再搬回原场。

4. 如果是几群蜂同时盗一群，可以把被盗群搬走暂时幽闭，原位置上放一只加有继箱的空蜂箱，盖以纱盖，巢门插入一根 20cm 长的管子，管子外部与巢门并齐，箱里边的一头略垫高一点。这时盗蜂只能通过接到巢门的管子进入蜂箱，而没有出来的机会，集聚到有光亮的纱盖下面。傍晚把这些盗蜂放走，经过2～3天，这些盗蜂就不再飞来了，即可把原群搬回。

三、蜜蜂偏集

（一）偏集原因

有时受环境和人为因素的影响，有些蜂群的外勤蜂集中飞入附近的另一些蜂群中，造成群势强弱悬殊，影响正常的繁殖。早春排泄时，由于蜜蜂经过长期越冬突然见到阳光，大量飞出，在定向以前容易出现偏集。大风天气，采集蜂唯恐敌不住风力，归巢时迎风飞，往往偏集到上风头的蜂箱里。在换蜂箱时，由于换上没有本群蜂巢气味或不同形状、颜色的新箱，蜜蜂也容易偏集到附近蜂群。转地放蜂时，蜂群在车站卸车放蜂或初入新场地时的飞翔，也较容易发生偏集现象。

（二）偏集处理

1. 早春排泄偏集　可以直接把偏集群的蜂调给偏弱群，暂时把带蜂的巢脾放在隔板外侧，让蜂自己爬入隔板里侧（注意不要把偏集群蜂王随蜂提走）。

2. 风大偏集　一般是刮东风往东边的蜂群偏，刮西风往西边的蜂群偏，因此排列蜂箱时尽可能不要紧密地排列成一字形，应该以2～4群为一组，或摆成不同方向（向南或东、东南）。除此之外，在风大容易偏集时用障碍物遮挡上风头偏集群的巢门，若严重偏集，在外界蜜源条件好的前提下，可以把偏集群和偏弱群互换位置。

3. 换箱偏集　暂时关闭偏集群的巢门或在其巢门前设置障碍物，待外勤蜂习惯出入偏弱群以后再恢复偏集群的正常巢门。

4. 转入新场地偏集　将偏集群和偏弱群互换位置，或者把偏集群的老蛹脾带蜂调给偏弱群。

练习题：

1. 放蜂场地的选择要注意哪些方面问题？

2. 什么是蜂脾关系？调整蜂脾关系需要遵循什么原则？

3. 怎样扩大蜂巢？

4. 为什么要缩小蜂巢？怎样缩小蜂巢？

5. 诱王有哪几种方法？成功诱王需要哪些先决条件？

6. 在什么情况下容易发生围王现象？如何解救？

7. 在什么情况下合并蜂群？

8. 如何处理工蜂产卵蜂群？

9. 补充饲喂和奖励饲喂有什么不同？

10. 怎样预防盗蜂？

11. 蜜蜂发生偏集的原因是什么？如何处理偏集蜂群？

第四章　常用蜂群饲养管理技术

第一节　人工育王和人工分群

一、人工育王

（一）人工育王要求的条件

育王的时间应根据本地气候和蜜源条件以及当时蜂群的强弱而定，育王条件若已具备，能早尽早，若不具备，宁可晚育王，不能勉强求早。

1. 外界气温正常，没有连续低温或明显寒潮。处女王交尾期能够遇上好天气。

2. 蜜粉源旺盛，工蜂积极采集，巢内饲料充足，蜂场上没有盗蜂。

3. 蜂群处于增殖期，平均每群子脾6张以上，预计9天以后能够从原群中撤出幼蜂组织新分群或交尾群。

4. 种用父群中已经培育出成熟的雄蜂蛹脾，保证在处女王交尾期有大批的雄蜂能够参与交尾。

（二）育王前的准备工作

1. 选择种用蜂群　在生产上育王选择种用群，虽然不像专业育种那样严格，但也要达到选择良种培育优质蜂王的目的。一般要根据以下5点考虑：

（1）采集力强，产蜜量高，在同等条件下，历年产量高于同等蜂群。

（2）繁殖力强，蜂王产卵力旺盛，子脾完整，容易维持大群，分蜂性弱。

（3）性情温驯，不爱蜇人，不爱作盗，防盗能力强。

（4）抗寒性能强，越冬安全，节省饲料。

（5）抗病力强，在发病期不易感染疾病。

对选择出来的种用蜂群，以 1/3 做母群，以 2/3 做父群，如果忽视选择父群培育雄蜂，等于培育优良蜂王的工作只完成了一半。因为，任何生物，父本和母本对子代的影响是并重的，而且蜜蜂还具有"一次组配，多雄受精，空中交配"等特点，所以除了要控制非种用雄蜂的出生之外，还要培育大量的种用雄蜂，使其在附近空中占优势地位，尽管空中还有其他雄蜂，但种用雄蜂参与一雌多雄的交尾比例数必然要高。

2. 培育雄蜂　培育雄蜂的父群应当选择具有优良性状、二年以上的老王强群（易产雄蜂卵）。雄蜂从卵到出房共需 24 天，出房后到性成熟还需 12 天左右，雄蜂从卵到交尾期共需 36 天。蜂王从卵到性成熟只要 21 天左右。因此，应当在育王前 20 天就着手培育雄蜂。

培育雄蜂之前，要把全场蜂群中的雄蜂和雄蜂蛹虫处理干净（从此控制非种用群雄蜂出生），然后将具有大面积孵化过蜂儿的雄蜂房的巢脾插入选定的父群子脾中间，并要紧缩蜂巢，若外界蜜源不充足还要奖励饲喂，促使蜜蜂积极哺育雄蜂蜂儿。雄蜂脾两侧的蜂路要略宽于一般蜂路，以利于雄蜂蜂儿的发育。雄蜂出房之后，要分散到其他蜂群或交尾群，避免本群雄蜂拥挤影响工作情绪。

3. 种用母群适龄幼虫的准备　为了保证按时使用种用母群的幼虫进行移虫，特别是在育王较多的情况下，要有计划地准备种用大卵幼虫（大卵幼虫可以培育出体大、产卵力强的优质蜂王）。通常有以下两种方法：

（1）在移虫 5 天前把种用母群卵虫脾暂时提走，只留 2 张蛹脾和 1~2 张蜜粉脾，1 天之后在蛹脾间加 1 张供蜂王产卵的空脾。

（2）用框式隔王板将种用母群隔成大、小两个区，小区放蛹脾，把蜂王限制在小区内产卵，1天之后在蛹脾间加1张空脾供蜂王产卵。大区放其他巢脾。

一般情况下，蜂王当天晚上就会向这张空脾上产卵。为了准确起见，第2天必须检查产卵情况，以便在产卵的第4天使用适龄幼虫，防止使用超过24小时的幼虫。

（三）育王过程

1. 组织育王群　育王群必须是无病的健壮蜂群，保证拥有充足的哺育力。有严重分蜂热的蜂群，对幼虫的饲喂情绪低，培育出来的蜂王质量差、分蜂性强，不能做育王群；利用有王群培育出来的蜂王比无王群好，但在蜂群不强大又必须早育王的情况下也可利用无王群。利用种用母群兼做育王群比较理想，能使其优良性状更好地遗传给下一代。下面介绍四种育王群：

（1）无王育王群　在移虫之前，将预定做育王群的蜂王提出来另做安排。这个无王群要保留5框蜂以上，2～3张虫蛹脾，1张蜜粉脾，共3～4张脾，蜂多于脾。同时，要补喂足够的饲料，使巢脾的空巢房都贮满蜂蜜。组成无王群的第4天，在蜂多、脾少、蜜足的情况下移虫育王。

（2）有王育王群　外界蜜粉源丰富，群势比较强壮，选定的育王群有轻度的分蜂热，可以撤去多余的空脾，喂足饲料。移虫时，将育王框直接放在继箱子脾之间，待王台封盖之后要将育王框移入无王群中。避免王台被工蜂破坏或引起自然分蜂。

（3）隔王板育王群　利用隔王板组织育王群，继箱群要求群势12框蜂以上，7～8张子脾。在移虫前3天进行调整，巢箱放卵、虫、蛹脾和1～2张蜜粉脾；继箱放1张虫脾，1～2张新蛹脾，1～2张蜜粉脾（育王框放于继箱子脾中间）。巢箱和继箱之间加隔王板，蜂王控制在巢箱内。平箱育王群要求群势6框蜂以上，用框式隔王板将蜂箱隔成两区，即有王繁殖区和无王育王区。蜂巢调整的方法相同于继箱育王群。

（4）当天能够使用的育王群　把预定的育王群蜂王和全部卵虫脾提走，留2～4张全封盖蛹脾（本群没有，可从其他群中调换），形成无王、无卵虫、只有封盖蛹脾的"孤儿群"，工蜂很快就能产生造台的意念。组成3～4小时以后就可以进行第1次移虫，当复式移虫36小时之后，再送入1张幼虫脾，以调动工蜂泌浆育王的积极性。

2. 制备王台基和育王框

（1）王台基　简称台基，是工蜂筑造王台的基础。制作台基首先预备好木制的圆形样棒，样棒沾台基部分的14mm以内的直径为8～9mm，头部圆形光滑。然后把样棒放在水中浸透，手拿样棒抖净水滴，向已经融化好的纯净蜡液里沾入10～12mm深，马上提出稍凉再重复沾入1次，根据蜡温接连沾2～3次，从第2次起要逐渐减少沾入的深度，使台基口薄底厚，沾完放水中冷却，用手松动取下。制成的台基里面要光滑无孔洞，高10～12mm，上口直径8～9mm。

（2）育王框　工蜂筑造王台的专用框，常用的育王框有2种：第1种，在巢框上下梁之间横放2～3条台基板，台基板能够左右转动，以便根据需要随便转动；第2种，在一张巢脾中间割出一个长方形的空间，里面镶上木框，木框上安3条台基板，上部或两侧的巢脾可贮存饲料和供蜂王提前产子。

（3）准备移虫用的育王框　把制成的台基，逐个用蜡液牢固地粘到育王框的板条上，数量要比计划育台数多一些。粘上台基的育王框，在移虫之前送到育王群，经工蜂清理30～60分钟，以至台基上出现新蜡，台沿平整微向内卷，类似自然台基，即可取出准备移虫。

3. 移虫和复式移虫　移虫就是用移虫针将巢脾里的幼虫移到育王框的台基里，使其发育为蜂王。

（1）移虫的过程　第1步是取虫脾。把预先选好的幼虫脾提出来，轻轻扫去脾上的蜜蜂。第2步是移虫。选准适龄幼虫，轻轻将移虫针从幼虫的脊背后面插入虫体下，接着提起移虫针，幼虫就被针尖粘托起来，然后放入台基用手指轻推"推虫杆"把幼虫同浆液一起送入台基底部。一次挑不起来的幼虫不要挑第 2 次，要重新移，使移入台基里的幼虫无伤痕，提高成活率。移虫在室内外进行都可以，要求温度不低于 20℃，并要保持适宜的湿度，防止过于干燥而影响幼虫正常发育。第 3 步是下框。移完虫的育王框不要久放，要马上把台基口一致朝下，平整整齐，送入已经准备好的育王群中。

（2）复式移虫　第 1 天移虫时不使用种用幼虫，可以利用任何蜂群的幼虫，虫龄以 20～30 小时为宜，目的是让工蜂先往台基里喂王浆。第 2 天（24 小时后）提出育王框，扫去蜂，把王台上口略加扩大，用镊子把昨日移入的幼虫夹出来，然后取来种用虫脾，选 15 小时以内的幼虫，重新移入台基内原虫位置上，切勿将幼虫放进王浆里面而降低了成活率。进行复式移虫时，一定要反复检查，保证台基内绝对无昨日移入的幼虫，方可移进种用幼虫。否则，留下的幼虫将会发育成提前出房的蜂王，咬破其他王台，致使育王计划落空。

4. 王台发育及成熟阶段的管理

（1）移虫后的育王群管理　从移虫的前一天傍晚开始，对育王群进行奖励饲喂，如果粉源不足（除了补充粉脾之外）还要掺入花粉或王浆、酵母等饲料，每天奖励 1 次，直到王台封盖为止。为了减少蜂王虫蛹发育期的人为干扰，要定期检查育王群，一般在复式移虫的第 2 天检查王台接受情况，并初步确定所留王台数，5～6 框蜂的无王育王群留 20～25 个，14～15 框蜂的有王育王群留 30～35 个。同时，还要削除子脾上的急造王台。第 5 天检查王台封盖情况，淘汰早封盖、畸形、瘦小的王台。第 8 天统计王台数量，以便落实利用计划，再次削除急造王台（抖落所有子脾上的蜜蜂），严防育王群出现处女王破坏王台。育王框两侧的蛹脾出房要及时补充新蛹脾，尤其是连续育王的蜂群更要多次补充，以保持王台发育期的巢温条件及工蜂的造台泌浆情绪。当成熟王台利用完之后，无王育王群可根据群势改变为 2～3 个交尾群。

(2) 培育备补王台　在育王过程中，常常因为某些原因，发生王台被咬破、处女王在交尾群中出房率低或出房后被围死、试飞交尾失踪等现象。为了不影响育王计划，提高育王效率，必须在育王群中第 1 批王台封盖后，着手移虫培育第 2 批王台，作为备补王台。

(3) 导送成熟王台　在正常情况下，从移虫之日算起，经过 12 天，处女王即可出房，在出房前 12～24 小时，要按计划导送成熟王台。首先，从育王群中取出育王框，快速、准确地用刀沿着台基板逐个割下王台，带着工蜂包入温暖的棉垫里，然后向交尾群导台。每群 1 个，头向下粘在子脾上部既保温又不能被挤压的地方。

(4) 贮存王台和处女王　导送王台结束时，剩余的成熟王台不要继续留在育王群中，要立即装入框式多间王笼，在王笼内每个小间里放入装有炼糖（用细糖粉掺蜜揉成）饲料的蜡碗，把王台头向下固定在每个小间的板条上。框式多间王笼要放到无王群的子脾中间贮存，处女王出房后被隔离在笼内，有饲料、有子脾和蜜蜂保温，能存活 10～20 天，随用随取。王台较少时，可用铁纱卷成筒式王笼，把装有炼糖的蜡碗放到王笼的下部，王台安放在王笼的上部，这种王笼放于无王群贮存，同样能够取得上述框式王笼的效果。

5. 交尾群及其管理　在处女王出房之前，由原群中提出蜂和子脾组成小蜂群导入成熟王台，让处女王在小群中出房、交尾、产卵，这种供处女王过渡为产卵王的小群即为交尾群。

(1) 标准巢脾交尾群　根据需要，在 1 个巢箱里放 1 个交尾群或者放 2～4 个交尾群（1 个蜂箱隔成 2～4 区，各在不同方向上开巢门，每区放 1 群），或者在继箱放 1 个交尾群（巢、继箱间加双层铁纱，继箱开后巢门），或者靠主群一侧隔出小区（侧面开交尾门），小区内放1个交尾群。组织交尾群的方法如下：

①从每个原群中，提出即将出房的老蛹脾和蜜粉脾带蜂集中放在空箱里，并按每张蛹脾多抖入1～2框蜂，敞开巢门放走外勤蜂，傍晚脾上只剩幼蜂。每个交尾群分配给1张爬满幼蜂的蛹脾，另加1张蜜粉脾即成。

②从原群中提出1张老蛹脾、1张蜜粉脾带蜂直接放进交尾箱中，同时再抖入1～2框蜂，放走外勤蜂即组成1个交尾群。

（2）小型交尾群　其特点是箱小、脾小、脾少、蜂少。优点是节省蜜蜂，在不影响大群繁殖的情况下能够交尾数批蜂王；缺点是蜂少无防盗能力，在无蜜源季节容易被盗，因此，适合在良好的蜜源条件下使用。小交尾群常用双家、三家、四家小交尾箱，小脾是标准巢脾的1/2或者更小些。在组织交尾群15天前，把小脾暂时组成大脾放入蜂群产卵和贮蜜。在组织交尾群时，每个小交尾群放1张小子脾和1张小蜜脾，0.2～0.4框蜂（500只以上）。在没有小子脾的情况下组织小交尾群，可以把小蜜脾放入交尾箱，直接从原群隔王板上面的继箱里提蜂（这里的工蜂有失王造台情绪，乐于接受处女王）抖入交尾箱，并导入当日能出房的成熟王台或处女王。有处女王存在幼蜂不易飞散，因此没有子脾的交尾群不可无王。

（3）交尾群的管理方法　交尾箱要放在蜂场外缘空旷地带，摆成不同的形状，巢门附近设置各种记号，并且利用自然环境的特征分别摆放交尾群或者设置明显的物标（如石头、土台、木堆等），以利于处女王飞行时记忆本巢的位置。为了提高交尾率，最好把专用交尾箱的四面箱壁分别涂上蜜蜂善于分辨的蓝、黄、白等颜色。

标准巢脾交尾群组成1～2天，导入成熟王台。当处女王出房后，蛹脾大部分出房时，每个交尾群换入1张与其蜂数相应的卵虫脾，这样既可以利用工蜂的哺育力，增强交尾群的后备力量，又能刺激工蜂积极活动，加速蜂王交尾，还能保持交尾群不断子脾，防止一旦失王发生工蜂产卵。如果交尾群寄生螨较多，利用断子机会施药消灭蜂螨，可在治螨之后再串入卵虫脾。检查交尾群都要利用早晚处女王不外出飞行的时间进行，不要在其试飞或交尾时间开箱检查。发现处女王残废应及早淘汰，飞失的要重新导入王台或处女王。在良好的天气条件下，出房15天不产卵的处女王应淘汰，补入虫脾后再重新导送王台或处女王。交尾群缺饲料时应从大群换入蜜脾，无蜜脾时可将蜜糖饲料先喂大群，然后再从大群抽蜜脾补给交尾群，一般不宜直接饲喂交尾群，防止引起盗蜂。在迫不得已的情况下，可在晚间直接往巢脾上浇灌适量的糖浆，以便蜜蜂当夜清理干净。

（4）交尾群的复用　处女王在交尾群中产卵8～9天就可以撤走利用。当撤去新产卵蜂王1～2天后，交尾群中的子脾上就会出现急造王台，这时要削除急造王台。导入成熟王台，如果导入处女王要利用王笼介绍法，不要直接放入。无王、无子脾、蜂少的交尾群在重复利用之前，要针对实际情况补蜂、补蛹脾，然后，再导入成熟王台或处女王。

二、人工分群

人工分群是根据自然分蜂的规律和群体繁殖的原理，按计划在最适宜的时期获得新分群，因此，人工分群是增加蜂群数量和扩大生产力的一种基本方法。

人工分群要具备一定的条件：一是分群时间要处于良好的辅助蜜源前期，没有长时间的阴雨寒潮，距离主要流蜜期尚有50天以上的时间，原群经过分蜂撤走部分工蜂和蛹脾，到主要流蜜期仍能增殖成为强大的生产蜂群，新分群经过适当的补充和自身繁殖，到主要流蜜期也能发展为一般的生产群；二是蜂群处于增殖时期，幼蜂积累逐渐过剩，全场蜂群相对平衡在6～8张子脾之间，蜂群的工作情绪仍处于积极状态，尚未出现明显的分蜂热；三是蜂群蜜粉饲料充足，并有足够的备用饲料，一旦外界蜜源条件变坏，蜂群饲料有补充的余地；四是人工培育的蜂王已经产卵，经初步观察产卵正常，可以用来组织新分群。

（一）加强交尾群为新分群

当交尾群的处女王产卵确定为新分群以后，在不影响原群繁殖和未来生产的前提下，提出正在出房的老蛹脾加强新分群，每个新分群每次补充 1 张蛹脾，通过 2～3 次的加强，新分群就具备了自身独立繁殖的能力。如果使用 2～4 家交尾箱，应在每个巢门位置上分别放 1 只空箱，把交尾群分别移入空箱内，以便加强蛹脾和扩大蜂巢，即可形成 2～4 个新分群。采用加强交尾群的方法进行分群，能够充分利用工蜂的哺育力和蜂王的产卵力，不突然削弱原群，防止蜂群在流蜜期前因哺育力过剩而产生分蜂热，保持旺盛的工作精力，在短期内发展起来一定数量的新分群。

（二）一群平分为两群

平分就是把 1 个具有 8 框蜂以上的蜂群平均分为 2 群，子脾、内勤蜂、外勤蜂都平均分开，使两群平衡发展。做法是：在原群位置上，并排放 2 个空箱，中间距离 20cm，把原群的蜜粉脾、子脾带蜂平均分配到 2 个空箱里，外勤蜂回巢时分别飞入 2 箱，如有偏集现象可适当调整箱位。傍晚给无王的一群介绍入产卵蜂王，分群即告成功。利用平均分群法分群的时间，距离流蜜期越远越好，也就是流蜜期以前的繁殖期越长效果越好，最晚也应该在流蜜期前 40 天进行，以保证繁殖出采集蜂发展为生产群。这种分蜂方法不能使用处女王或自然王台，必须使用产卵蜂王。

（三）混合分群

蜂场上有贮备蜂王或者已经培育出产卵蜂王，蜂群又达不到平均分群所要求的群势，可以进行混合分群。但必须在蜂群没有传染性疾病的条件下进行，否则，通过混合分群，必然使蜂病传染扩大。具体做法是：首先，从每个原群中提出 1～2 张老蛹脾带 2～3 框蜂，按本次分群所需蛹脾数，集中放在几个空箱里，并随时放走外勤蜂；然后，每个新分群分配 3～4 张带幼蜂的蛹脾，再加入 1 张蜜粉脾，傍晚介绍入蜂王，新分群即成。

第二节　造脾和扩大箱体

在蜂群繁殖期，需要不断给蜂群提供巢脾或提供巢础造脾，扩大蜂巢；当一个箱体贮满巢脾，蜂群群势还在增长时，就需要增加箱体来满足蜂群扩大蜂巢的需要。

一、修造新巢脾

(一) 巢脾更新的意义

一个蜂群的巢脾质量如何，关系着蜂群的繁殖力和采集力。新巢脾厚度一般为 22～23mm，羽化几代蜜蜂之后会达到 24～25mm。这是因为每只蜜蜂出房都留下很薄的一层茧衣和粪便，工蜂不能全部清除，巢房颜色变深、同时体积缩小，出房过 2 代蜜蜂的巢房，直径为 5mm，培育出来的蜜蜂平均体重为 0.125g。出房过 28 代的巢脾培育出来的蜜蜂平均体重为 0.118g，而出房过 38 代以后的巢房，直径为 4.74mm，培育出来的蜜蜂平均体重为 0.107g。蜜蜂在发育阶段，受到巢房容积的限制，身体缩小，生理功能逐渐退化，其哺育力和采集力明显降低。另外，巢脾不规格（如脾框歪扭、脾面高低不平、多孔洞、多雄蜂房等），也会妨碍蜂群的正常繁殖，降低其工作效率。因此，更新巢脾的好处并非停止在增加蜡量上，其重要意义在于巢脾更新是促进蜂群增殖的必然过程。

(二) 修造新脾的条件和准备过程

泌蜡造脾是蜜蜂特有的本能，通过造脾可以更新巢脾、扩大蜂巢，促进繁殖。在东北地区从春季到秋季，一个正常繁殖的蜂群通常可以造出 10～20 张脾。

1. 蜂群修造新脾的条件

(1) 天气晴暖，气温比较稳定，外界有丰富的蜜粉源，蜜蜂能够采回新鲜花粉和花蜜。

（2）蜂群处于增殖期，有旺盛的工作情绪，巢内哺育的蜂儿量同蜂数相称或略少于蜂数，蜜蜂已感到巢脾不足。蜂群必须是有产卵王群、无分蜂热群、有卵虫群，否则，就没有造脾的积极性。

（3）蜂巢内必须拥有充足的蜜粉饲料，缺饲料的蜂群不能很好地泌蜡造脾。

2. 造脾前的准备过程

（1）巢础框穿线　首先检查巢框是否符合规格，有无偏歪现象，调整之后进行穿孔。用铁片或木板做一个同巢框侧条一样大的样板，在样板中线上钻 3～4 个小孔。穿孔时，把样板放在侧条里侧，由里向外穿孔。然后，使用 24 号铁线，从巢框侧条第 1 个孔穿入，再通过对面侧条第 1 个孔拉出，接着将铁线迁回穿入第 2 个孔，再通过对面第 2 个孔拉出，又迁回穿入第 3 个孔，直到最后一个孔将铁线头固定。这时，从固定线头的第 1 根线开始紧线，使几根线的拉力均匀一致，接着将另一个线头固定在最后的框孔上。

（2）往巢框中装巢础　拿过巢础片，选择边沿平整的一侧，下入巢框上梁的槽内，然后用蜡液灌入槽中 4～5 段粘住巢础，使巢础两侧和下部与巢框之间保留均匀一致的距离。接着进行压线，在一块相同于巢础片规格的垫板上铺一层纸，把巢础框平放于垫板上，使巢础贴伏在垫板的纸上，这时用压线器（有轮式、沟式、烙铁式等压线器），从铁线的一端推向另一端，逐根将铁线压入巢础 1/3 深；压入巢础的铁线要向上略呈弓形，以留出巢础在蜂巢内遇热下沉的余地。巢础线两端要加一点蜡粘住，防止造脾时铁线脱离巢础。

（3）往巢础上喷蜜或刷蜡　巢础片安装在巢框上之后，两面喷涂新鲜蜜水或糖水，然后再放入蜂群中，能够刺激蜜蜂泌蜡造脾的积极性。在外界蜜源条件较差的情况下，其效果尤为明显。

在造脾前，把巢础两面房基刷上一层薄薄的纯蜂蜡溶液，其好处：一是为蜂群修脾补充一点蜡原料，能加快造脾进度；二是利用巢础上的新蜡刺激蜜蜂泌蜡造脾的情绪；三是造出的新脾平整，质量较好。

（三）利用蜂群造脾

准备好的巢础框，要在傍晚气温较低的时候加给蜂群，不要在中午气温较高时加巢础，以防巢础受气温影响过软变形。傍晚加巢础还能利用蜂群夜间造脾，减轻白天的工作负担。巢础框在蜂群里的位置和数量要根据蜂群的情况而定。一般蜂群每次加1张，放在子脾和蜜粉脾之间，当巢房修起一半以后再移到子脾中间供蜂王产卵。强群缺脾时一次可以加2～3张，加在子脾之间，流蜜期也可以加在蜜脾之间。巢础框应靠近平整无雄蜂房的巢脾，否则，新脾也会修造得高低不平或有雄蜂房。

1. 繁殖群造脾　处于增殖期，6～8框蜂的蜂群，繁殖积极性高，有强烈扩巢愿望。这样的蜂群，每次加1张巢础，待修造到半成脾时移入子脾中间，在原位置上再加1张巢础。如果连续造2～3张新脾，蜂数增长已跟不上新脾增加的速度，或者天气、蜜源变坏，应当暂停造脾，等到蜂群和天气、蜜源都达到造脾条件时再加巢础。

2. 双王群造脾　双王群有2只蜂王产卵，子脾较多，哺育蜂儿数量大，增殖期相对延长，分蜂期推迟，具有泌蜡造脾的积极性。外界有蜜粉源，巢内饲料充足，双王群可以利用加巢础造新脾的措施扩大蜂巢。每次每只王加1张，待修成的新脾已产上卵时再加下一张，使新脾扩大为子脾。

3. 自然分出群造脾　自然分出群具有较强的筑巢造脾愿望，能够连续修造较多的优质巢脾。收捕回来的自然分出群，第1次布置蜂巢时可以使用一半巢础，充分发挥它们特有的泌蜡造脾积极性，也可以把这种自然分蜂团分散加强到几个蜂群里，增强其他蜂群泌蜡造脾的情绪，扩大修造优质巢脾的范围。

4. 流蜜期小群造脾　流蜜期蜜粉源充足，群势较弱的小群，采集蜂较少，仍处于增殖阶段。但此时的小群增殖速度比平时快，具有造脾扩巢的积极性，造脾质量好，几乎全修工蜂房。3～4框蜂的小群，在流蜜期可以直接加巢础造新脾扩大蜂巢。

5. 利用小群始工大群完成的方法进行造脾　针对大群造脾易修雄蜂房的特点，可以先把巢础放在小群修成1/4的房壁，然后移到大群去完成，并促使蜂王产上卵扩大为子脾。要根据小群繁殖需要，适时留下新脾供蜂王产卵，在不影响小群自身繁殖扩巢的情况下承担造脾的始工任务。

6. 新王蜂群造脾　处女王蜂群在其蜂王开始产卵以后，全群工作情绪随之振奋，工蜂积极采集花蜜和花粉，哺育蜂儿，泌蜡筑巢，利用这种蜂群可以造出没有雄蜂房的优质新脾。

二、扩大箱体饲养蜂群

在正常的饲养条件下，1只优良蜂王的产卵力，能够维持1个具有5万～6万只蜂的蜂群。然而，在1个标准箱里扩大蜂巢终究是有限的，必须通过增加或扩大箱体的措施来适应蜂群群势增长的需要。下面介绍两种方法：

（一）多箱体饲养蜂群

在标准巢箱的基础上加一个以上的继箱和相应的巢脾，继续扩大蜂巢。这种扩巢方法为多箱体或加继箱。

1. 加继箱的条件　加继箱的时间在主要流蜜期前40～50天为宜。继箱加得越早，流蜜期的群势就越强。一般蜂群，达到8框蜂以上，7～8张子脾时就可以加继箱。除此之外，还要达到蛹脾占子脾总数的一半以上。如果蛹脾低于这个标准，即使子脾总数达到了上述要求，也不应马上加继箱。在蜂数不足而又达到了应加继箱的时间，可从其他群提出带幼蜂的蛹脾补充，使应该加继箱的蜂群按时加上继箱。

2. 继箱群饲养方法

（1）继巢箱对称法　因为蜂王喜欢在继箱里产卵，所以将继箱布置为产子区，巢箱布置为育虫区，即继箱放 2～3 张蛹脾、1 张卵虫脾、1 张空脾或巢础、2 张蜜脾；巢箱放 4～5 张卵虫脾和新蛹脾、1～2 张蜜粉脾。这样，继箱和巢箱各有 6～7 张脾，巢脾在 2 个箱体里都靠一侧放，呈对称形式。值得注意的是，加继箱不能把子脾用空脾隔开，因箱体已扩大，再隔开子脾蜜蜂就难于全面护脾保持巢温了。在气温不稳定的季节里加继箱时，隔板外侧的空间要添加保温垫或保温物，以便更好地帮助蜜蜂适应初加继箱蜂巢扩大一倍的新环境。这种继箱群 5～7 天检查调整一次，调整时，要把卵虫脾和新蛹脾移到巢箱，老蛹脾移到继箱，待幼蜂出房之后供蜂王产卵。若蜂数已增长，可按当时的蜂脾关系在继箱里加脾或巢础扩巢。继箱群的蜂路，除流蜜期适当加大以外，都应保持为 9～10mm。

（2）隔王板限王法　用隔王板把蜂王限制在巢箱里产卵，可以使子脾、蜜脾分开，利于蜂蜜和王浆的生产。初加继箱时以巢脾对称法管理，待第 1 次检查调整时，如果蜂数已经有所增长，就可以在继箱和巢箱之间加隔王板，巢箱放 4～5 张卵、虫、老蛹脾和 2 张蜜粉脾作为产卵育虫区，继箱放 2～4 张虫、新蛹脾和 2 张蜜粉脾作为产浆区。

这种继箱群也要 5～7 天检查调整一次。每次调整时，要把巢箱里新封盖的蛹脾调到继箱。继箱里已经出房的蛹脾调到巢箱，产卵用的空脾加在巢箱，造脾时也要将巢础框加在巢箱。在蜜粉源条件较差的情况下，不要将虫脾调到继箱，防止弃养拖子。

（3）继箱空脾法　当蜂群繁殖满巢箱，达到加继箱的条件时，可将装有 7～8 张巢脾（两侧放蜜粉脾、中间放产卵用脾）的继箱直接加在巢箱上，巢脾经过工蜂清理之后，蜂群需要扩巢时，蜂王自然进入继箱产卵。这样加继箱的好处是不打乱巢箱的蜂巢结构，由蜜蜂自然扩巢，利于密集蜂巢。这种继箱群 8～10 天调整一次，调整时，将所有卵虫、新蛹脾调到巢箱，其余子脾调到继箱，在继箱里为蜂王提供产卵条件。

（4）加第2继箱的方法　当继箱群发展到16~18框蜂时，要加第2继箱，继续扩大箱体繁殖强群。

在繁殖期，不加隔王板的继箱群，第2继箱要加在巢箱和第1继箱之间，2个继箱用于贮存蜜脾和布置蜂王产卵区，巢箱仍为育虫区；用隔王板限王的继箱群，第2继箱的位置应根据需要而定，以繁殖为主的蜂群要加在隔王板下的巢箱之上，若以生产王浆为主则应加在隔王板上的继箱下面。

在流蜜期，无隔王板限制蜂王的继箱群，第1继箱集中放蜜脾，第2继箱加在第1继箱和巢箱之间，放蛹脾和蜜脾，巢箱仍放卵虫脾；用隔王板把蜂王限制在巢箱里的继箱群，第2继箱、第3继箱依次加在巢箱上的隔王板与继箱之间，继箱里全部放蜜脾，巢箱里放子脾。

（二）卧式箱饲养蜂群

1.卧式箱养蜂特点　卧式箱有16框、20框等不同规格。春季气温低，1个卧式箱内可饲养2个群；繁殖期可以将卧式箱隔成大小两区，大区加继箱养主群，小区养副群或新分群，繁殖成强大的采蜜群。一般的蜂群在卧式箱里繁殖，不用增加箱体可发展到16~20张脾的强群。卧式箱的缺点是箱体大，不便于搬运，通风不如标准箱。

2.卧式箱蜂群的布巢和调整　在繁殖期布置蜂巢，一种方法是把产卵区安排在蜂巢中间，两侧放蜜粉脾，依次向里放新蛹脾、大幼虫脾、老蛹脾，使蜂王在中间巢脾上集中产卵，另一种方法是产卵区偏向一侧，把新蛹脾和大幼虫脾集中靠一侧，另一侧放卵脾、老蛹脾和空脾为产卵区。在每次调整时，都要把老蛹脾移到产卵区，虫脾和新蛹脾移到非产卵区。

第三节　分蜂热的控制和双王群的饲养

一、分蜂热的控制和处理

（一）分蜂热的控制

控制分蜂热的措施，不能等待蜂群出现了严重分蜂热的时候再进行，因为此时蜂群繁殖和采集受到损失已经无法挽回，所以要从增殖期群势迅速增长阶段开始控制正在形成的自然分蜂因素。

1. 利用良种培育优王　饲养适应性强、分蜂性较低、维持大群、采集力强的优良品种，还要利用优良品种培育出能够维持 10 张子脾以上的优质蜂王。

2. 给蜂王创造多产卵的条件　进入增殖期之后，要注意发挥蜂王的产卵力和工蜂的哺育力，及时加脾、加继箱扩大蜂巢，增加蜂群里的哺育负担，使产卵力和哺育力相互适应的时间能够稳定一个时期。

3. 进行人工分群　在蜂群发生分蜂热之前，适当地进行人工分群，当新蜂王产卵后再以新分群的卵虫脾同原群的蛹脾相互调换。这样，有计划地以原群过剩的幼蜂组成和加强新分群，不但预防了原群的分蜂热，而且还分出了较强的新蜂群。

4. 饲养双王群　利用当年春季培育出来的产卵新王组织双王群。1 个蜂群利用 2 只蜂王产卵，给蜂群增加内勤哺育负担，能够加速繁殖采蜜强群，预防分蜂热。

5. 增加蜂群的工作负担　抓住外界气候和蜜源有利的时机，适时修造新脾，及早生产王浆，让过剩的幼蜂参与造脾和泌浆等工作，促使轻度的分蜂热不加重，繁殖和采蜜不受影响。

6. 适时改变蜂巢条件　随着群势的增长及时改变蜂脾关系（由紧到松）；及时削除自然王台，削除雄蜂蛹控制雄蜂的生长；天气炎热时要适当扩大巢门，注意给蜂群遮阴通风；炎热地区和干旱季节，要给蜂箱外部洒水，并往蜂群内加水脾，提高蜂巢湿度，以便降低巢温。

（二）分蜂热群的处理方法

1. 给严重分蜂热群换虫脾 把该群的蛹脾全部提走，从新分群和弱群中换来卵虫脾。一般要达到每 1～1.5 框蜂分配 1 张虫脾。由于卵虫脾的突然增加，蜜蜂投入繁重的哺育工作，因此分蜂热暂时消除。

2. 给严重分蜂热群换空脾 若在流蜜期发生了分蜂热，可把该群子脾全部提走（也可保留卵虫脾），换进空脾和巢础，并把蜂全部抖落在巢门前，使其爬进箱内。当蜂王恢复产卵、工蜂工作情绪改变之后，再分批调回子脾，防止蜂龄失调群势衰弱。

3. 互换箱位 流蜜期可以把有严重分蜂热的采蜜群与较弱的新分群对换位置，让飞翔采集蜂进入新分群。新分群适当地加脾，成为采蜜群。

4. 改变蜂群的环境 把有分蜂热蜂群的巢箱调头，巢门转向后面，在继箱的前面开一个小巢门，然后把全群的蜜蜂抖落在踏板上，并将蜂王放入踏板上的"蜂丛"中。使工蜂和蜂王从巢门爬入，有飞回前部原巢门的工蜂，逐渐从继箱小门进入。同时，此群的大部分蛹脾要暂时送到其他群，以后再逐步还回，空余位置补加空脾和巢础。这样，箱内外发生了变化，给蜂群造成错觉，分蜂情绪明显减弱。

二、双王群的饲养

双王群能够利用过剩幼蜂的哺育力培育出较多的蜂儿，推迟蜂群出现分蜂热的时间，在流蜜期前积累大批采集适龄蜂，发展为强群。同样，在蜂群繁殖强度减弱的秋季，以双王群集中 2 只蜂王的产卵力，能繁殖为越冬强群。

（一）组织双王群的时间和群势

要根据增殖蜜蜂的目的和当时的群势以及当地的蜜源情况来决定。如果组织双王群是为了加速蜂群繁殖采蜜适龄蜂，时间要在本地主要蜜源开始前 35～50 天进行，以保证在流蜜期前的有效繁殖期内积累采集适龄蜂。组织双王群的群势，应达到 8 框蜂以上，因为蜂群繁殖到 8 框蜂时，蜂王产卵的数量和哺育蜂的数量由正比向反比变化，出现哺育蜂过剩现象，这时增加 1 只蜂王产卵，恰好利用了剩余的哺育力，从而增强了蜂群的繁殖势力。如果组织双王群是为了繁殖越冬群，那么，要根据当地的蜜源条件而定。秋季没有主要流蜜期的地方，应在 8 月上旬的继箱群基础上组织双王群；秋季采主要蜜源的地方，应从春夏季开始饲养巢箱双王群或双箱体双王群，以便在秋季边采蜜边以双王繁殖越冬蜂。

（二）双王群的组织和饲养方法

1. 巢箱双王群

（1）组织方法　春季将两个弱群放入隔成两区的巢箱中组成双王群。在培育蜂王时，有计划地利用隔成两区的巢箱放两个交尾群，待两个新王产卵之后，通过繁殖和加强，达到两区巢脾满箱时，在巢箱上面加隔王板（隔王板中间有顺式板条同巢箱中间的隔板对称，紧靠无空隙），继箱叠加在隔王板上面。巢箱双王群，要选用同龄蜂王和产卵力无大差别的蜂王。当双王群群势较强时，巢门中间应隔以障碍物（木板或砖石等），以防两区工蜂连接成片而造成蜂王串通一区。

（2）管理方法　加继箱之前的巢箱双王群，要按一般小群进行管理，但两区群势强弱不均时，可通过巢门的扩大和缩小调整外勤蜂以及互换子脾的方法（换脾尤其要注意勿将 2 只蜂王调到一区）来解决，尽可能保持两区群势平衡。加继箱之后，要以隔王板限制 2 只蜂王在巢箱两区内产卵，每 4～6 天调整 1 次，每次调整要把巢箱两区的新蛹脾或大虫脾提到继箱，继箱已经出房的蛹脾分别调给两区供蜂王产卵。这种双王群巢箱两区容积较小，所容纳的巢脾较少，容易被蜜粉压缩子脾，务必要及时调整巢脾。流蜜期前，要提走 1 只蜂王，留 1 只产卵力较强的蜂王，统一为单王采蜜群。

2. 巢继箱双王群

（1）组织方法　在巢箱双王群的基础上叠加继箱，将1只蜂王带3～4张老蛹脾和较多的幼蜂放到继箱里，巢箱和继箱之间用铁纱隔开，继箱开后巢门。在单王群基础上增加1只产卵新蜂王，组织这种双王群，要在该群已加继箱或正要加继箱时进行，继箱里放2～3张老蛹脾，1～2张蜜粉脾，3～4框蜂。放走外勤蜂之后，利用继箱都是幼蜂的机会介绍入蜂王，待蜂王在继箱里产卵3～4天后再调换蛹脾。巢继箱双王群，在组成7～8天后，也可以把铁纱撤掉换上隔王板进行饲养。

（2）管理方法　这种双王群6～7天调整1次，初次调换子脾时不可带蜂，但组成8～9天以后对调子脾就可以带蜂了。检查、调整、换脾时，必须注意勿将2只蜂王混到1个区内。最初几次调整，以继箱的卵虫脾换巢箱的蛹脾，待继箱的群势增强，巢继箱的子脾差不多时，就各在自己的基础上繁殖到满箱。加第2继箱时，应考虑到新王产卵力强，分蜂情绪低的情况，就要优先加强它。这时，巢箱里保留5～7张子脾，其余的子脾都集中到加继箱的新王区内。流蜜期到来前8～10天，提走老蜂王另组成一个小群；新蜂王用隔王板限制在巢箱中，隔王板上面叠加1～2个继箱，组成一个强大的新王采蜜群。

第四节　蜂群转地饲养

转地放蜂分长途转地和短途转地。从北方到南方或从南方到北方几千公里的运输路程，运输时间在2天以上者，应视为长途转地；在本地或附近，路途不超过千公里，运输时间在几小时或1天以内的，应视为短途转地。

一、短途小转地

短途小转地要求运蜂时间短，不过于影响蜂群的生活，不损失采集蜂，保持着正常的生产能力。因此，从准备蜂群到运输途中与长途转地放蜂有所不同。

（一）布置蜂巢

1. 夏季转地　小转地的蜂群中强群较多，要做好通风、防止伤热的准备，蜂箱里要保留一定的空间，继箱群放 14～15 张脾，平箱群放 6～7 张脾。炎热天气转运，每群要灌 1 张水脾，以利于蜂群饮水和降温散热。蜂箱必须有对流的通风设备，即上有纱盖，下有纱底或侧有纱窗，大盖前后要有较大的气门，大盖同纱盖要有一定的空间。没有通风设备的蜂箱不可勉强使用，防止伤热闷死蜂群。

2. 春秋季转地　春季的蜂群还很不强壮，巢内子脾较多，要按当时的原蜂路进行包装，不要加宽，以保证工蜂在低温时能够密集护脾。通风设备要根据当时蜂群和气温情况调整，在气温较高或群势较强时，要打开纱底挡板，揭去覆布；在气温不高或群势较弱时，可以不开纱底挡板，只揭开覆布。

秋季运蜂，要把巢内子脾集中巢箱包装，其他脾放在继箱包装，通风设备也要根据气温、群势而定。强群在热天运输仍要加强通风防止伤热；弱群在低温条件下运输也要缩小通风面积，防止冻伤子脾。

（二）包装蜂群

在转运前要仔细检查蜂箱，修补漏洞，以防运输途中往外跑蜂。巢框之间要使用距离夹紧紧固定，隔板外侧的空间不便使用大距离夹的，可用木条钉在隔板两端外侧的蜂箱壁上，挡住隔板，也可在箱外两侧箱壁上对着每个巢框的位置钉上铁钉，进行箱外包装。包装完巢框之后，要在箱上口钉牢纱盖，在继、巢箱间的两侧呈八字形钉上 4 根连接带（或使用继巢箱连接器），使其固定为一体。在转运前的晚间关闭巢门，根据气温和群势、运输时间确定是否打开纱底或纱窗，取下覆布。

（三）运输蜂群

1. 汽车运蜂　以载重 4t 的汽车为例，可以装 120～140 件（每个巢箱或继箱各为 1 件）。装车时一箱紧靠一箱垛满车厢（5～6 个箱体高），蜂箱横放顺放要根据车厢所容纳的体积来决定，最好是巢门向前或向侧；装好之后要用绳子纵横交叉拢紧，保证途中的安全行驶。

2. 小型车辆运蜂　短途运蜂常用手扶拖拉机、畜力车等小型车辆运蜂，既灵活又方便，适合于小蜂场和业余养蜂转地。装车方法基本与汽车相同，要摆平放牢，不可装得太高，装卸时都要尽量使车的前后重量保持平衡，以免较重的一头坠下而翻落蜂箱。装完之后，要用绳横竖牢牢捆住，防止行驶途中因颠簸而掉下蜂箱。

用畜力车运蜂要稳行，注意安全，装车前要反复检查蜂箱，堵严漏洞，严防蜜蜂钻出箱外蜇畜惊车。万一发生惊车或翻车事故，首先要割断绳套牵走牲畜（以免蜇死），然后再处理蜂群。

二、长途转地

长途转地放蜂的目的，是追随不同地区的蜜源植物开花期进行繁殖和采蜜。有时以繁殖为主，有时以采蜜为主，有时两者结合进行。因此，强调长途转地放蜂要排除盲目性，要根据蜂群强弱程度和蜜源情况有目的地安排计划，根据不同季节实行不同的运输措施。

（一）调查放蜂场地

这项工作必须在转地之前进行，决不能等蜂群运到之后现找场地。放蜂场地要按照繁殖和生产的布局以及放蜂计划，把几个蜜源开花时间的衔接同交通运输条件结合在一条线上（即所谓放蜂路线），使繁殖场地和生产场地相互配合，以便有计划地入场和出场。调查场地，要针对预定放蜂地点的蜜源、气候、交通以及有关情况亲自深入现场调查，不能道听途说，轻易决定。同时，在临近转运蜂群之前，还要进行复查场地，防止场地出现预料不到的变化而造成被动局面。

（二）北方蜂群南下繁殖

放蜂的准备工作应从秋季着手。蜂群饲料仍按越冬期所需标准进行补充调整；群势强弱悬殊的要进行对调平衡；在群势允许的条件下多留一些贮备蜂王带去南方参加繁殖，能够提前增加生产蜂群；巢内留脾要略多于就地越冬的蜂群，以脾略多于蜂为宜。在晚秋蜜蜂停止飞翔以前进行包装，初冬做短时间的室内越冬或室外包装越冬。

南下时，一般在 12 月上中旬从北方出发，蜂群到达南方正赶上早油菜开花；以便能够开始正常繁殖。此时，气温较低，蜂群在途中不需要过多的管理，但要在装车时把通风设备打开，以备南下途中气温逐渐升高，蜂群恢复活动，需要通风散热。

到达目的地之后，将蜂群卸下车来摆放在空地上，马上往巢门口喷 2 次水，待蜂稍安定一下再打开巢门，放蜂飞出排泄。这时，要注意防止偏集现象，寻找途中不正常蜂群（无王群、死蜂过多群、饥饿群、震散包装的群）进行妥善处理。

（三）高温季节蜂群转地

在北方 5 月以后、南方 3 月以后气温较高的季节，群势较强，转地要着重搞好防止伤热的安全措施。

1. 蜂群调整　在转运途中伤热闷死的首先是强群，因为强群蜂多脾多，蜂箱里的空间较小，蜜蜂拥挤，通风不良，所以在转运之前要进行群势的调整和平衡。蜂数较大的强群要适当地将蜂补给弱群。在包装前将强弱群互换位置，把外勤蜂换入弱群，或者在包装时，以强群带蜂的脾同弱群不带蜂的脾对换，达到调整蜂数的目的。子脾也要根据群势适当调整，既要考虑到本群未来的生产能力，又要照顾到途中的安全，蜂群中的蛹脾自身也能够产生热量，对巢温有直接影响。因此，调整蛹脾时，强群少一些，弱群多一些，这样蛹脾在转运途中能够出房较多的幼蜂，使蜂群有所增强。卵虫脾的调整也应侧重遵循强群稍多、弱群稍少的原则。

2. 饲料调整　运输途中饲料过多或过少都对蜂群不利，过多容易促使巢温升高而增加伤热的因素，过少又容易出现饥饿危险。所以要根据运输时间长短和蜂群情况确定，一个 8～10 框的群势，运输时间为 6～8 天，应有 5～6kg 蜜、1～2 张花粉脾。蜜则应以成熟蜜为好，但在缺饲料补喂蜂蜜或糖浆时应提前 3～4 天进行，以便蜂群酿制排水。

3. 蜂巢布置　继箱群放 12～14 张脾，平箱群放 6～7 张脾，达到 8～9 张脾的平箱群在包装时加上继箱，继箱里放蜜脾和粉脾，子脾仍集中于巢箱，这样，既利于防热又利于保温。子脾的布置要根据气温和群势情况进行，强群在气温较高的季节要把蛹脾疏散，巢中留 1～2 个"大蜂路"，利于热量的散发；在气温较低时，子脾则要集中；弱群蜂少，在一般情况下，不要实行疏散子脾或加宽蜂路的措施。

4. 途中管理　长途运蜂，中途无放蜂机会，严重地干扰了蜜蜂的生活。途中需要进行妥善的管理，以减轻蜂群内部的损耗。根据季节、群势和途中时间长短，分别采取关巢门、开关结合、蜂笼补助运蜂等措施，加强安全运输。

（四）南繁蜂群管理要点

南下繁殖的蜂群经过在北方一段时间的越冬和长途运输，到达南方一般群势不是很强壮，但在南方适宜的气候和蜜源条件下，1～2 框的蜂群也能繁殖强壮投入生产，南繁场地的饲养管理与北方春季有共同点，也有不同点，要针对南繁特点施行管理措施。

1. 入场先治螨　蜂螨在南方繁殖较快，若不加强控制必然危及蜂群的繁殖效果。要抓住蜂群从北方进入南方只在途中出现小面积子脾的机会狠治蜂螨。入场之后，马上用硫黄熏过的脾换出蜂巢内所有的巢脾，使潜入少量封盖子脾的蜂螨随脾撤离蜂巢被消灭，只剩蜂体上的螨，再使用杀螨药物，每隔 1～2 天治疗 1次，在新子脾封盖之前连治 2～3 次。把蜂螨的寄生率压到最低限度，为全年繁殖奠定有利的基础。

2. 紧脾缩巢　在治螨换脾的同时，要进行紧脾缩巢的处理，以蜂多于脾布置蜂巢（2.5～3 框蜂放 2 张脾）。虽然南方气温高，但冬季寒潮比较频繁，气温常常下降。因此，在越冬蜂更新阶段，也要像北方那样在蜂多于脾的基础上开始繁殖，不能一开始就把蜂巢布置很松，造成子圈长时间扩不开，降低了繁殖速度。

3. 合理调配饲料　刚入场地最好以带去的蜜脾做饲料，尽量不过早饲喂蜜汁和糖浆，迫不得已需要补喂时应喂浓度较大的饲料，不能饲喂水分过大的稀薄饲料，以免加重蜜蜂消化系统的负担而引起疾病。入场初期巢内应保持有存粉（以从北方带去的粉脾同外界进粉相结合），即使遇上较长时间的寒潮，也不至于因缺粉而拖子；气温较低的天气，蜂飞不出去时要进行巢门喂水，保证蜂群的需水量。

4. 保温　南方春季蜂群保温不可忽视，尤其要注意寒潮期的保温，有时寒潮连续十几天，气温下降到零度甚至零度以下，蜂群弱小，容易受气温变化的影响。巢内要缩小空间，隔板外充塞保温物，箱底垫干草，箱上也应覆盖草帘。晴暖天气要经常晾晒保温物，保持箱内不潮湿。

5. 扩大子圈和初次加脾　在紧缩蜂巢的 5～7 天以后，巢内的子脾除上方保持 3～4cm 宽的封盖蜜以外，其余的蜜盖要全部削去，巢房也要削去超高部分，以便于蜂王产卵扩大子圈。在气温正常情况下，当巢内的脾全部成为 8 成面积的子脾，蜂数仍然多于脾时，可以在隔板里侧靠子脾加 1 张空脾供蜂王产卵。在新老蜂更替阶段，若是蜂群健壮，可以在蜂脾相称的基础上进行繁殖，但也要根据气候条件正确运用蜂脾关系。气温稳定，受寒潮影响较轻的地方脾可稍松一些；气温不稳定，受寒潮影响较大的地方脾可稍紧一些。

（五）新老蜂交替以后扩大蜂巢

进入场地 1 个月以后新老蜂基本交替。蜂群的哺育能力明显提高，气温上升，蜜粉源日趋丰富，要及时扩大蜂巢，改变蜂脾关系。初次加脾，以每张脾 8 成蜂为标准来衡量蜂脾关系；随着群势的增长，逐渐以每张 6 成蜂为标准；在气候和蜜源正常的条件下，可以每张脾 4～5 成蜂为标准，如遇寒潮应暂停加脾，待气温回升以后再量蜂加脾。当蜂脾关系已经处于每张脾 4～5 成蜂、卵虫脾占 60％以上时，应暂停加脾，待蜂数增长到每张脾 6 成蜂以上、封盖子脾增加到 50％以上时再继续扩巢。蜂巢扩大到 8～9 张脾，应以每张脾 8～9 成蜂的标准加脾，为加继箱创造条件。

扩大蜂巢的形式可以概括为：紧—松—紧，脾"紧"是有目的的，脾"松"是有条件的，紧松程度要因时、因地、因蜂制宜。

第五节　蜜蜂授粉

蜜蜂授粉是近代发展起来的农业增产技术措施，在水、肥、管理条件相同的情况下，利用蜜蜂授粉不仅可以提高作物结实率，而且还能通过异花授粉增强作物的生活力，从而达到增产的目的。目前蜜蜂授粉已发展为养蜂技术的组成部分。

一、蜜蜂为农作物授粉的发展前景

利用蜜蜂为农作物授粉增产的事实已广为人知。发达国家将蜜蜂授粉列为重要的农艺措施，养蜂不仅是为了生产蜂产品，而且也是为了利用蜜蜂为农作物授粉，很多养蜂者专业进行蜜蜂授粉工作，授粉效益远远超过养蜂收入的几十倍乃至上百倍。我国利用蜜蜂授粉增产技术已由试验和局部应用向大面积应用推广发展。据吉林省养蜂科学研究所 1986～1990 年试验，蜜蜂为塑料大棚黄瓜授粉有蜂区比无蜂区增产 20.9％～31.4％，蜜蜂为苹果梨树授粉比人工授粉增产 18.4％～21.1％，蜜蜂为向日葵授粉有蜂区比无蜂区增产 27.2％～41.5％。

我国有上百种农作物、牧草、经济林木等需要昆虫授粉，蜜蜂授粉是农业上成本最低的增产措施，而生态效益和社会效益更大。从我国的养蜂生产现状来看，蜂群分布、蜂群数量和饲养技术等都具备了为农作物授粉的条件，未来随着农业生产现代化的发展，蜜蜂授粉必将发展为重要的农艺措施和养蜂产业的骨干项目。

二、利用蜜蜂为野外作物授粉

（一）蜂群配置

利用蜜蜂为野外作物（包括农作物类、牧草类、果树林木等范围）授粉，多为结合蜂群繁殖和生产进行，为此群势多为随机性，但也要根据飞行蜂多少而定，以强群为标准，弱群要适当多放些。以每公顷为单位计算，向日葵1～2群、瓜类1～3群、果树2～3群、牧草2～3群、油菜和紫云英3～4群、荞麦2～4群。

（二）蜂群管理

授粉蜂群进入授粉场地时间要适时，一般要在授粉植物开花初期，不宜过晚。进入场地后要及时调整蜂群，为其创造繁殖和采集的良好条件，保持巢内饲料充足，及时加脾加巢础，扩大或更新蜂巢，适时进行王浆生产和花粉生产，防止发生分蜂热，使蜂群保持着旺盛的采集工作情绪，提高授粉效率。

（三）蜜蜂为雌雄异株果树授粉

蜜蜂为雌雄异株果树（如苹果梨等）授粉时，如果附近有授粉树，要将蜜蜂采回的花粉团脱下，粉碎喷洒在出巢采集的工蜂身上或打开蜂箱喷洒在巢内，使蜂体黏附花粉，以便在蜜蜂采访雌花时随机授粉。如果没有授粉树直接使用外来花粉，除按上述方法传送花粉之外，也可以在巢门前放一个浅盒，盒内装一层花粉，采集蜂出巢从盒中通过时身上自然黏附花粉粒而去，在采访雌花时即达到传送花粉目的。

三、利用蜜蜂为保护地作物授粉

蜜蜂为保护地（温室、塑料大棚、纱网控制区等）作物授粉不同于野外授粉，要根据季节、保护地类型、面积、作物等特点利用蜂群。

（一）授粉蜂群的配置和准备

保护地授粉蜂群一般以 500m² 放 1 个 4 框蜂的蜂群为宜。这种授粉蜂群应提前准备，兼业授粉蜂场可利用标准箱，专业授粉蜂场应采用放 6 张脾的保护地授粉蜂群专用箱。繁殖季节每个授粉蜂群要有 4 张子脾，蛹脾占 60%，非繁殖季节授粉蜂群的蜂数要达到 4 框以上，个体健康。授粉蜂群要无病害，饲料充足，每张脾保持 0.5～1kg 蜜。

（二）保护地授粉蜂群的管理

蜜蜂在温室、塑料大棚、纱网等控制区内飞行受到限制，蜜蜂损失较大，越是较小较矮的控制区损失量越大，加上保护地授粉时间较长，因此群势下降较快。蜂群在保护地内饲养要保持巢门经常喂水，巢内饲料蜜不足要及时补充，花粉不足要及时补充花粉脾或补喂代用饲料，保证蜂群的繁殖条件。初进保护地外勤蜂趋光聚集在一起，要及时收回，并根据趋光程度调整明暗度，减少外勤蜂损失。

（三）授粉后的蜂群处理

完成授粉任务之后，蜂群要马上撤离保护地，集中放于有蜜源的场地，采取妥善方法加强或合并，防止发生盗蜂，使其恢复正常繁殖能力。

四、训练蜜蜂采集授粉作物

蜜蜂对植物的采集选择性较强，不喜欢采集一些授粉作物，为了达到授粉目的，必须训练蜜蜂增加对授粉作物的采访。一般均采用饲喂花香糖浆训练蜜蜂的方法，以 1∶1 的白砂糖和水加温溶解制成糖浆，冷却到 25℃ 左右，放入提前采下的授粉作物花朵密封，使其浸泡 3～5 小时，然后在早晨蜜蜂出勤前进行饲喂，每天喂 1 次，每次 100g 以上。受这种花香糖浆的刺激，蜜蜂便会很快飞到这种作物的花上采集授粉。

五、防止农药中毒

蜜蜂授粉对农药十分敏感，一旦误施农药，授粉蜜蜂必然要遭受严重损失，影响授粉效率，为此，在授粉期不要施用农药。如果非施用农药不可，应提前将蜂群运到安全地区。在保护地内授粉的蜂群由于空间小，施肥、用水等都要注意对蜂群是否有影响，以保证授粉蜂群的安全和正常的授粉效果。

练习题：

1. 人工育王要具备哪些条件？
2. 什么是复式移虫？
3. 什么是交尾群？如何组织交尾群？
4. 人工分群的目的是什么？人工分群要具备什么条件？
5. 巢脾更新有什么意义？如何利用蜂群造新脾？
6. 怎样控制分蜂热？
7. 饲养双王群有哪些好处？
8. 组织双王群有哪些常用方法？
9. 长途转地和短途转地放蜂有什么区别？
10. 论述蜜蜂为农作物授粉的发展前景。

第五章　春、夏季蜂群管理技术

第一节　早春蜂群管理

早春是一年四季蜂群管理的开端。从冬末排泄到外界出现对蜂群繁殖有影响的第 1 个辅助蜜源（如北方的柳树）为早春阶段，整个早春阶段蜂群都处于恢复期，是一年当中群势最弱阶段，是蜂群开始繁殖的起点。

一、冬末蜂群排泄

蜜蜂在越冬期，靠取食蜂蜜维持蜂团所需要的温度，其代谢物（粪便）在后肠中逐渐增加。到了冬末，由于外界的气温逐渐上升，蜂王就开始产卵，因此，早春蜂王开始产卵不是从有了蜜源才开始的，而是在越冬后期就开始少量产卵。越冬正常的蜂群和黑色血统的蜂种，要比越冬不良的蜂群和黄色血统蜂种产卵时间晚，产卵量少。排泄前的蜂群产卵时间越晚，产卵量越少，早春的繁殖力就越强。

蜂王一经开始产卵，蜜蜂就要将蜂巢中心的温度保持在34℃～35℃，因而就增加了饲料的消耗，促使蜜蜂腹中的粪便更加增多。越冬饲料变质会造成下痢群，蜜蜂腹中负担过重，亟待于排出粪便脱离危险。排泄除此意义之外，还能利用排泄机会重新布置蜂巢，结束越冬期，从而过渡到蜂群的恢复期。

（一）排泄的时间

冬末蜜蜂排泄并不是越早越好，若是过早排泄，蜜蜂在气温较低而无蜜粉源的情况下进行繁殖，一方面为维持巢温而过多浪费饲料和消耗越冬蜂，所换取的是很低的繁殖效率，另一方面出房的幼蜂得不到排泄的机会，体质差、寿命短，延长了蜂群的恢复期。正常的越冬蜂群，应在当地辅助蜜源出现前的 20～30 天进行排泄为宜。越冬下痢群的排泄时间应该越早越好，以便减少损失。排泄过的蜂群，最早产的卵在蜜源开始前就能出房参加哺育和采集工作，这样可以利用越冬蜂在较短的时间里最经济地培育出第 1 代新蜂。

（二）排泄场地和气候

冬末排泄陈列蜂群的场地，要选择西北面有天然或人为防风屏障的向阳、干爽的地方（如山前坡、房前、篱笆前等）。若有积雪要提前疏松和清扫，加速溶化，提高地表皮的温度。同时，要掌握天气变化情况，根据天气预报和推测，选择气温 7℃以上、风力 2 级以下的晴暖天气进行蜜蜂排泄。如果风力大于 2 级，气温高于 10℃也可以进行蜜蜂排泄。

（三）室内越冬蜂群排泄

上午 11 时以前把蜂群搬运到排泄场地上，两箱一组，各组左右距离不少于 1m，前后交叉排列，距离 6m 以上，以防蜜蜂偏集。蜂群陈列在场地上 20 分钟以后，蜜蜂对气温变化有了初步感觉，再依次打开巢门放蜂飞翔排泄。此时，要注意观察箱外，对那些体色暗淡、飞翔不旺盛、巢门前有下痢痕迹、有结晶蜜粒或流出发酵蜜，以及死蜂比一般群多、巢门口有过多的工蜂惊慌振翅等反常现象的蜂群要进行迅速检查，以便尽快查出下痢群、饥饿群、无王群和严重衰弱群并进行及时处理。正常越冬蜂群可根据天气情况陆续处理。

（四）室外越冬蜂群的排泄

室外越冬蜂群适应性较强，在外界气温达到 5℃以上、风力 2 级以下、场地向阳无积雪时，即可撤去蜂箱上部和前部的保温物，使阳光直接照射到蜂箱上，然后打开巢门放蜂飞翔。检查或处理不正常蜂群时，仍在原位置上拆开越冬包装，开箱进行。待蜂群排泄完之后，再根据气温情况恢复包装。其他做法与室内越冬蜂群相同。

二、处理越冬不正常的蜂群

早春处理越冬不正常的蜂群要兼顾全场蜂群的群势和蜂王情况，针对不正常蜂群的特点进行。

（一）下痢群

因下痢消耗，工蜂体质较差，所以处理蜂脾关系时要蜂数大一些，以备工蜂过早死亡一部分之后，还能维持蜂脾相称，照常繁殖。

（二）无王群

要趁蜜蜂尚未大量活动之前直接诱入蜂王，或者合并入有王群，已经飞翔排泄后的蜂群，要以间接方法诱入蜂王或合并。

（三）饥饿群

要马上换入蜜脾，或者在傍晚补喂蜂蜜或浓度较高的糖浆饲料。

（四）弱群

如果全场多数蜂群的群势是3～5框蜂，可以用较强蜂群将弱群补充到2～3框蜂；如果群势普遍是2～3框蜂，可以把部分优质蜂王的弱群作为贮备王群，其余全部合并，使全场群势不低于2.5～3框蜂。若低于这个标准，蜂群在当年的生产能力就很低了。

三、早春整理蜂巢

早春整理蜂巢，要努力给蜂群奠定一个良好的繁殖基础，使其生机勃勃，保持着旺盛的情绪。

（一）换脾缩巢

越冬期巢内的子脾、空脾、结晶蜜脾、发酵蜜脾、发霉脾和下痢污染脾等，都要用准备好的巢脾换出来。留在巢内的巢脾若巢房高于产卵巢房应割去过高部分，以利于蜂王产卵。早春的蜂脾关系宁紧勿松，要蜂多于脾，即1.5～2框蜂放1张脾、2.5～3框蜂放2张脾、3.5～4框蜂放3张脾、5框蜂放4张脾，蜂路不超过 9mm。这样处理之后的蜂群，在新蜂出房之前，即使越冬蜂衰老死亡一部分，仍然能够保持蜂略多于脾。早春只有在蜂多于脾的基础上开始繁殖并适时加脾，加 1 张产 1 张，子脾层次分明，卵虫和蛹整齐发育，工蜂体质健壮，蜂群才能迅速发展。

（二）调整饲料

早春作为繁殖用的巢脾应是深褐色脾，每张脾上要有 0.5～1kg 蜜，以优质蜜脾为主，无蜜脾可补喂蜂蜜或浓度比较大的糖浆。每群蜂还要有 0.5～1 张花粉脾。强群放面积大的粉脾，弱群放面积小的粉脾。放 1 张脾的蜂群，要选用既有蜜粉又有产卵巢房的巢脾，若脾上蜜少可灌入糖浆；如果使用大粉脾，只能放在隔板的外侧，里侧另放带蜜的产卵巢脾。放 2 张脾的蜂群，应有 1 张蜜脾和 1 张花粉脾，脾上还应有供蜂王产卵的空巢房。在脾少蜂多、补充饲料受限制时，可在隔板外保留 1 张蜜脾，经常削开蜜盖饲喂蜂群，这样既保证了饲料充足，又起到奖励饲喂的作用，同时还能避免由于早春喂含水分大的饲料而引起的蜜蜂疾病。

四、早春治螨

（一）消灭蛹房里的蜂螨

如果蜂螨寄生率较高，在整理蜂巢时要撤出全部蛹脾和大幼虫脾，以便消灭潜伏在第 1 批蛹房里的越冬螨，然后再以药物杀落蜂体上的寄生螨。这样做，从眼前看虽然损失了一点子脾，但从长远看不仅消灭了蜂螨，而且提高了蜂群的繁殖效率。

（二）药物治螨

早春治螨宜使用低毒高效杀螨药物，并要注意掌握用药的安全量。此期蜂箱内容易潮湿，不适合使用粉剂杀螨药物。

五、蜂群保温

排泄后的蜂群便开始繁殖，蜜蜂把巢温稳定在适应蜂儿发育需要的 34℃～35℃。早春气温变化较大，高寒山区有时白天气温最高达 20℃，夜间则下降到 10℃。蜜蜂要维持蜂儿发育的巢温，必然要耗费饲料和消耗体力,因此在早春阶段要适当为蜂群保温。

(一) 箱内保温

首要的是保证蜂巢内蜂多于脾,使蜜蜂能够密集护脾。巢脾靠蜂箱的西侧排列(防止太阳照射东侧箱壁,蜜蜂过早飞出箱外冻死),东侧放木隔板,箱内较大空隙添加保温物(如草垫、碎草等),蜂箱的覆布上加盖3~4层报纸,纱盖上加放草帘或棉垫。弱群自身抗寒能力低,可把2个弱群放在1个箱内饲养,用木隔板把巢箱隔成两区,每区放一群,巢门留在两群中间隔板的两侧,巢门之间隔着"▽"形木块,外表是一个巢门,内里是两个巢门,外勤蜂可用巢门大小互调,这样不但能够增强弱群抗寒能力,而且还有利于防止盗蜂。

(二) 箱外保温

蜂箱的漏缝要堵严,箱底垫干草或干树叶,箱下部用干土培起10cm高的土围,箱周围覆盖草或草帘、保温罩等。白天把箱前边的保温物揭开,夜间再盖上。蜂箱门要根据群势、蜜源、气温的变化而进行扩大或缩小。

(三) 保持蜂群正常巢温

在蜂群管理过程中,要随时观察蜂群的行为表现,如保温不佳的弱群、不耐寒的蜂种,遇有寒潮和夜间低温时蜜蜂结团使部分蜂儿冻死;或者对于较强的蜂群和不耐热的蜂种,由于过度保温而伤热,蜜蜂脱脾,幼虫得不到充足的饲喂而营养不良以至死亡,出现只见子脾不见蜂的现象。为此,要根据外界气温、蜜源的变化情况和蜂群的群势、品种等不同情况,随着蜂群的需要采取保温和散热措施。发现蜂群结团,要加强箱内外的保温,短时间的寒潮可采取奖励饲喂方法提高巢温,保持子脾的正常发育;高温天气发现蜜蜂脱脾,可采取扩大巢门、撤去部分保温物、增加通风降温等措施,为蜂群的正常生活创造保持巢温的最佳条件。

六、饲料和水的补充

（一）补喂饲料蜜

蜜蜂只有在充足的饲料环境中才能健康的发展。要知道"蜜蜂生产蜂蜜、蜂蜜产生蜜蜂"这个道理。缺饲料蜜的蜂群要以补换蜜脾为主，没有蜜脾可将较浓的糖浆（500g糖加250g水溶化）灌脾或装入饲喂器里，放于隔板外侧让蜜蜂吸食。早春忌用稀薄糖浆或蜜水喂蜂，以防引起消化系统疾病。

（二）补喂花粉蛋白饲料

早春蜂群缺粉又没有粉脾补充时，可以在越冬安全的基础上晚排泄，或者排泄之后再搬回越冬室继续低温越冬，待粉源出现前夕再搬出室外。除此之外，可以补充饲喂自己蜂场生产的花粉（如果购买花粉喂蜂，要注意质量，并经过^{60}Co照射），花粉不足可饲喂高蛋白配合饲料或自制代用花粉（以脱脂大豆粉加20%蜂花粉）。用法是以成熟蜜将代用花粉和成面糊状，搓成条，置于箱内框梁上供蜜蜂取食。也可将代用花粉饲料加入适量的温水搅拌均匀，放1～2小时后，再加入适量的结晶蜂蜜混合成小颗粒状，然后装入巢脾，上面抹一层成熟蜜，直接放入蜂群中，供蜂清理加工，即成为花粉脾状。

（三）喂水

早春气候变化无常，很多出巢采水的蜜蜂死于恶劣的气候之下，为减少这种无益的损耗，要适时给蜂群喂水。

1. 巢门饲喂　最好使用巢门饲喂器喂水；也可用一个瓶装水放在巢门口，内放一棉线，一头浸在水中，另一头伸入巢门。

2. 设公共喂水器　把一个底部带有水龙头的容器放在较高处，沿着水龙头处放一块钉有"W"形板条的木板，以水龙头控制较少水滴落在木板上，使其沿着板条缓慢流下。喂水时要加入少量食盐，以满足蜂群对盐类的需要。干旱地区，蜂群需水量较大，更要坚持长期喂水。

七、早春扩大子圈和扩大蜂巢

（一）扩大子圈

蜂群排泄 1 周之后，在蜂多于子脾的基础上扩大原有巢脾的产卵圈，把那些前半部产满了卵、后半部还是封盖蜜脾或者是产卵圈受到外围封盖蜜限制的巢脾，都要用快刀由前向后、由里向外地割开蜜盖，促使蜜蜂把蜜移到巢脾的外围（巢内贮蜜过多时隔板外放 1 张空脾或半蜜脾，可以调解巢内饲料的余缺）。这样既扩大了产卵圈，又起到了奖励饲喂的作用。与此同时，巢房的高度应保持为 12mm 左右，过高部分用沾热水的快刀割去，便于蜂王产卵。当子脾面积达到整个巢脾面积 50％的时候，在蜂多于脾的前提下，每隔 1 张子脾前后调头（蜜蜂不习惯子脾同蜜脾掺杂，很快把巢房中的蜜搬走产上卵），加速产卵圈的扩大。

（二）扩大蜂巢

早春蜂群处于恢复期，越冬蜂哺育力有限，平均每只蜂哺育一个多幼虫，因此，在整理蜂巢之后新老蜂接替之前，一般不能加脾扩巢。但是，由于整理蜂巢时留脾较紧，蜂多脾少，或者越冬蜂健壮，寿命较长，群势下降幅度低，以及工蜂偏集等原因促成蜂群偏强，当这种蜂群的巢脾全部成为子脾（面积达 70％以上，封盖子脾占子脾一半以上），仍然还处于蜂多于脾时，可以加第 1 张脾。春季第 1 次加脾非常关键，加得过早蜂力不足，外界气温又不稳定，遇有寒潮蜜蜂结团，会冻死子脾外围的幼虫，或者由于饲料不足而造成蜂儿营养不良，对未来繁殖的影响非常不利。第 1 张脾加得适时，可以从此开始使卵、虫、蛹整齐发育，不混在一张脾上，有利于蜂群的发展和管理。此时加脾要选择上部蜜房具有贮蜜的二年深色脾，巢房过高部分用刀割去，再喷上一些蜜水，傍晚加入蜂巢内子脾的外侧，待蜂王已经在脾上产卵，再把它移到子脾中间。

综上所述，早春蜂群管理的主要目的是增强蜂群对不利气候的抵抗力，发挥越冬蜂有限的哺育能力，尽快繁殖出第 1 代新蜂，进而把蜂群从恢复期推向增殖期。

第二节　柳树和山花花期蜂群管理

一、柳树花期蜂群管理

北方的柳树蜜源比较丰富，以山区分布最多，有河柳、旱柳、白柳和黄柳等数十种。一般地方，柳树在 3～4 月开花，寒冷地区 4 月中旬至 5 月上旬开花，花期 20～30 天。柳树花期，气候多变，特别是高寒山区昼夜温差较大，但柳树适应性较强，在13℃以上的晴天就流蜜吐粉，为蜂群春季繁殖提供了第一个良好的辅助蜜源。

（一）继续扩大蜂巢

柳树花期的蜂脾关系要从早春阶段的蜂多于脾过渡为蜂脾相称。扩大蜂巢要在蜂数和子脾数相等的基础上进行，也就是随着新蜂出房、群势增长的速度加脾扩巢，维持蜂脾相称。天气良好，蜜粉源充足时，可以暂时脾略多于蜂（每张脾 8～9 成蜂）。增加边脾，4 框蜂以下的蜂群不加边脾，4 框蜂以上的蜂群加 1 张边脾，6 框蜂以上的蜂群加 2 张边脾，边脾贮满蜜粉要用空脾换出来暂时贮存。天气和蜜源条件不好，可不加边脾，仍保持原蜂脾关系。此期，每张子脾面积不低于 7～8 成，边角巢房里形成半圆形的蜜粉圈，边脾上有蜜有粉，为未来增殖健壮的生产适龄蜂奠定充足的饲料基础。

（二）减轻花粉压缩子脾

柳树花期，蜂群脾数较少，在柳树较多的地方若遇上良好天气，工蜂贮存饲料特别是贮存花粉时容易与蜂王产卵争占巢房，以致花粉压缩子圈，影响繁殖速度。因此，要根据天气情况利用巢脾控制蜜蜂集中贮粉，晴天扩巢使用产过 1～3 代子的浅色巢脾，较强蜂群还可以增加新脾或巢础框造新脾。在正常情况下蜜蜂不喜欢把花粉贮存在浅色脾特别是新脾中，蜂王却喜欢往这种脾上产卵。连续低温、阴雨天扩巢改用有边角蜜粉圈的深色巢脾，同时将有粉的边脾移到隔板外侧，让蜂群消耗子脾上的花粉，利于扩大子圈，天气好转时再放回原处继续贮粉。被花粉压缩为小面积的子脾，要放在靠边脾位置，以利于蜂群保温。巢门要偏向边脾的一侧，以适应蜜蜂采回花粉愿意贮存靠巢门附近巢脾上的习性，同时2张边脾要经常互换位置，便于贮存花粉，减少花粉压缩子脾的机会。

（三）以强补弱、促进繁殖

在气候多变的情况下，实行"以强补弱"的措施不能操之过急，要在蜂群进入增殖期时进行。此期弱群的特点是蜂少、脾较多、子脾面积小，对待这种弱群既不可以加强蛹脾（因蜂少护不了脾），又不能撤去小子脾重新紧脾（因蜂少达不到密集蜂巢的目的），这时加强弱群可采取下述方法：

1. 从弱群提出2张小面积子脾，送入应该扩巢的较强蜂群（让强群扩大此脾的产卵圈），换回1张即将出房的老蛹脾，此脾新蜂出房之后加强了弱群。又因以2张脾换1张脾从而减少了弱群的巢脾数，所以使弱群蜂数相对增加，子圈自然扩大。

2. 在外界蜜粉源条件较好时，从强群中提出幼蜂较多的巢脾将蜂抖落在弱群巢门前，老蜂不久飞走，幼蜂从踏板上爬进蜂巢，增加了弱群的蜂数，改变了原来的蜂脾关系，扩大了子圈。为了安全起见，可在抖蜂前半小时往强群和弱群放一些葱或蒜末，以便混合蜂群气味。

（四）蜜源不佳蜂群管理要点

由于春季寒潮频繁，柳树蜜源中断，或者原本柳树较少，蜜粉不足，都会造成蜜蜂不能依靠外界蜜源获得饲料的困难。如果这时蜂群饲料贮存不多甚至缺乏，势必导致拖子弃养（不喂幼虫，拖出虫蛹），降低繁殖效率，延长了恢复期。在这种情况下，要参照早春阶段的管理措施，除了根据气温上升情况适当扩巢，保持紧脾繁殖之外，还要及时补充蜜粉脾，保持充足的饲料基础，以保障蜂群在不利环境中的有效繁殖。

二、山花期蜂群管理

长白山区不仅蕴藏着丰富的椴树蜜源，而且还有数百种野生辅助蜜源植物，统称为"山花"或"杂花"。其中有几十种重要辅助蜜源植物，集中在 5 月初至 6 月下旬交错开花，形成 50 多天的山花期。在良好的气候条件下，山花蜜源丰富的林区（特别是采伐迹地），一般蜂群能够贮存下足够的饲料，有时强群还能生产出数量可观的商品蜜。实践证明，凡是获得椴树蜜高产的蜂群均出自于山花期的良好繁殖基础。因此，加强山花期的蜂群管理是增产椴树蜜不可缺少的重要措施。

（一）山花前期

山花前期的辅助蜜源以槭树科植物为主，有色木槭、拧劲槭、白牛子槭、假色槭、青秸槭和花秸槭等许多种辅助蜜源植物交错开花，花期在 5 月上、中旬，约持续 15 天，蜜粉丰富而集中。此期当地气温虽然已经有所上升（最高达 25℃以上），但很不稳定，常有霜冻、雨雪和低温（零度以下）出现。若天气连续晴暖，蜂群可贮存下较多的蜜粉；若遇寒潮天气，花易受冻，流蜜中断，蜂群还要缺乏饲料。

1. 培育蜂王　在本地越冬的蜂群，经过早春和柳树花期的繁殖，已经完全脱离恢复期而进入增殖期，此时第 1 代新蜂完全担负起哺育和采集工作，群体生活力大大提高，增殖速度明显加快。当蜂群达到 6～7 张子脾时，要根据气候、蜜源和蜂群繁殖情况，在 5 月初进行移虫育王，为春季分蜂和饲养双王群做好准备。

2. 平衡群势、造脾扩巢　此时强弱相差悬殊的蜂群，要以强群的老蛹脾换弱群的卵虫脾，使弱群减轻哺育负担，群势得以加强，能够独立进行有效的繁殖。同时要抓住蜜蜂在增殖初期的积极性，充分利用槭树花期造新脾扩大蜂巢。但造新脾不要过量，要随着蜂王产卵的需要而增加巢础框，达到造 1 张新脾等于增加

1 张子脾的目的。

3. 减轻蜜粉压缩子脾　在气候正常，蜂群进蜜进粉较涌的情况下，弱群加入 1 张边脾，强群加入 2 张边脾，暂时脾略多于蜂。贮满蜜的边脾要用空脾换出来，被花粉压缩的子脾可移到靠边脾位置，以加巢础造新脾供蜂王产卵的措施补充子脾数。被蜜压缩子圈的巢脾可适当摇出未封盖蜜（不可全部摇出），扩大产卵面积。天气不佳，仍然保持蜂脾相称，不增加边脾，已经增加边脾的蜂群也要恢复蜂脾相称。并且，要停止加巢础造新脾，用巢脾扩大蜂巢。缺饲料要随时把贮存的蜜脾换入蜂群，没有蜜脾要及时进行补喂，使蜂群保持有充足的饲料基础。

（二）山花中期

山花中期有稠李、山梨、山丁子、山桃、忍冬、水榆和山芝麻等多种辅助蜜源植物，继椴树花期之后开花，花期 5 月中旬至 6 月初，约 20 天，蜜粉旺盛，持续时间较长，气温比前期稳定，有时降雨集中，特殊年份有晚霜，昼夜温差逐渐缩小，气候条件已有利于蜂群的繁殖，蜂群的保温物可以逐步解除。

1. 预防分蜂热　此时蜂群已经进入增殖期的中期，春季第 2 代蜂以它强于第 1 代 1～2 倍的哺育力，继续哺育第 3 代蜂即椴树花期的采集适龄蜂（5 月中旬以后蜂王产的卵），当第 3 代蜂开始出房时，蜂群出现蜂王产卵力满足不了工蜂哺育力的现象，过剩的哺育蜂开始积累，出现自然分蜂现象。

正常繁殖的中等蜂群，在稠李开花以后能够达到满标准箱，强群能够叠加继箱。为此，在加继箱之前要把部分过剩的蜜蜂，利用到人工分蜂和组织双王群方面去，以便增加蜂群的哺育负担，扩大繁殖采集适龄蜂，延缓分蜂热的发生。

2. 继续平衡群势、加脾扩巢　在椴树花期培育的蜂王，到山桃开花前后已交尾产卵，新分群定型，要及时用卵虫脾换入原群的蛹脾，以便减轻哺育负担，增强群势。并且根据需要及时加巢脾或加巢础框扩大蜂巢，为其维持良好的繁殖条件。

3. 保持良好的蜂脾关系　此期的蜂脾关系，由前期的蜂脾相称或脾略多于蜂向脾多于蜂过渡。在加脾扩巢的过程中，当蜂脾关系已经处于平均每张脾 4～6 成蜂，子脾中的卵虫脾超过 60% 以上时，应暂时停止加脾；等蜂数增长到每张脾 7 成蜂，子脾中的蛹脾达到 50% 以上时，再加脾扩巢。当蜂巢扩大到 8～9 张脾以后就不要急于加脾，这时应以脾略多于蜂的标准加脾，使蜂稍加密集，为加继箱准备条件。因为此时巢内已有 7～8 张子脾，根据蜂王的产卵力和新蜂出房率，产卵巢房不过于紧张，如果继续按原标准加脾，加上继箱时蜂巢突然扩大一倍的空间，对于蜂少子多的增殖群是很不利的，因此要等蜂数增长上来以后再加继箱。

4. 保持饲料充足　此时由于原群和新分群的发展，子脾数大幅度增多，蜜粉的消耗量比前期增大，务必要保证子脾边角上有 0.3～0.5kg 的饲料蜜，边脾上要保持充足的蜜粉，缺饲料的蜂群要及时补充蜜脾或糖浆，避免蜂群处于缺蜜粉的饥饿状态。若此时因缺饲料而影响了繁殖采集蜂，等于白白损失了椴树蜜。

（三）山花后期

此期有山里红、茶条槭、山芝麻、小叶芹、唐松草、悬钩子、黄檗和山猕猴桃等辅助蜜源植物连续开花。花期 6 月上旬至中旬，约 15 天，蜜粉情况比较好，但因为此时蜂群繁殖所需饲料已经达到高峰阶段，所以有时外界蜜源满足不了蜂群的需要。此期气候进入基本稳定阶段，昼夜气温都已明显上升，比较有利于蜂群的繁殖和采集。

1. 加强繁殖采集蜂　此期蜂群处于增殖期的最后阶段，一般原群已经加上继箱，新分群的群势也迅速增长，繁殖采集适龄蜂的蜂群条件继续增强，椴树花期迫近，要抓紧利用原群和新分群的积极性，繁殖好最后一批数量较大的采集椴树蜜的适龄蜂。

2. 调整蜂脾关系　此期的蜂脾关系要视蜂群情况分别处理：加继箱的蜂群扩巢要稳，加脾加巢础要根据蜜源和蜂群的需要而定，一般每张脾应保持 7～8 成蜂；平箱群应继续以山花中期加继箱以前的蜂脾关系处理，创造加继箱的条件；新分群以山花中期脾多于蜂的蜂脾关系处理。

3. 保持饲料充足　要根据蜂群里的饲料情况，把贮存的蜜粉脾按需要分配到蜂群里，外界蜜源不佳时，要给蜂群奖励饲喂，越是接近椴树花期，越要保持充足的饲料，以维持蜂群繁殖和采集的积极性。

4. 预防分蜂热　此期正处在蜂群自然分蜂阶段，要继续以原群的蛹脾换新分群的卵虫脾，发挥原群哺育力和新分群蜂王产卵力的互补作用，同时抓住有利时机进行王浆生产，多造新脾扩大蜂巢，注意调动蜂群的工作情绪，预防发生分蜂热。

5. 由繁殖向采蜜工作转移　正常年，椴树于 6 月末以前开花，一般在 6 月 20 日前后着手准备采蜜群，因此，在本期要抓准时间，做好从山花繁殖期向椴树流蜜期的转移工作。

第三节　椴树花期蜂群管理

椴树是长白山区的主要蜜源，分紫椴和糠椴，多分布于阔叶混交林里，由于品种不同和生长的地理条件不同，花期差异较大，始花期 6 月下旬至 7 月上旬，流蜜期 7 月上中旬。花期在丰收年 30 多天，歉收年 20～25 天。

椴树流蜜有大小年现象，常常是大年高产，小年歉收。同时，椴树花期正是雨季，有时受梅雨天气影响而减产，但雨季只能影响产蜜量，并不决定椴树大小年。

一、椴树场地的利用

椴树大小年现象是针对总体状况而言，就一个局部地区来看，在丰收年也有歉收的地方，歉收年也有丰收的地方。一般因受小气候影响，干旱年低山区丰收，高山区歉收；冻灾年山上丰收，山下歉收；虫灾年受灾区歉收，未受灾区丰收；椴树花期降雨多的年份，少雨区产量高，多雨区产量低。

椴树蜜丰收年往往是回春早、气温高、花期早、辅助蜜源好、蜂群复壮快；歉收年气温偏低、花期较晚、辅助蜜源差、蜂群复壮缓慢。选择椴树蜜源场地，要在调查研究过去几年本地流蜜规律的基础上，根据本年的气候特点，进行分析。在正常情况下，椴树蜜没有连续 2 年绝产的现象，一般是上年歉收下年丰收，但也不一定今年丰收明年就会歉收，常常连年丰收。在回春早、气温高的年份，选择山形复杂花期长的地方；回春晚、气温低的年份，选择小气候较好的深山区；流蜜期降雨量大的年份，选择花期较早的地方（流蜜盛期赶在梅雨之前）；冻灾年份，选择无冻情的高山区；干旱年选择低山区；虫灾年选择椴树花蕾密集的无明显虫灾区。

稳产的场地是在深山区和浅山区之间的阔叶混交林，这里椴树品种复杂，树龄差别较大，并有草本蜜粉源植物配合。这种场地虽然不一定经常高产，但却很少绝产，多数年份有产量，同时，由于椴树花期不缺花粉，利于蜂群正常繁殖，不仅能够生产蜂蜜，而且还能够为秋季花期保持生产群势。

二、组织采蜜群和整顿蜂巢

（一）组织采蜜群的时间

组织采蜜群的工作应该在椴树开花前 8～10 天进行，要抓准椴树的开花期。以长白山区的椴树花期为例，开花最早年 6 月 18 日，开花最晚年 7 月 7 日（受小气候影响，地区间存在差异）。推测花期，一是根据出现花蕾时间，一般紫椴现蕾 40～45 天开花；二是根据辅助蜜源植物开花时间推测，如山里红开花18～20 天紫椴开花。正常年，繁殖椴树花期适龄采集蜂的工作到 6 月中、下旬结束（具体时间要根据推测的花期计算），随即向组织采蜜群的工作转移。

（二）组织采蜜群的方法

椴树花期虽然较长，但流蜜盛期比较集中（始花 10 天以后进入盛期），如果再受气候影响，盛期的时间就更短了。要想在有限的流蜜期内取得椴树蜜的高产和稳产，除了繁殖健壮的适龄采集蜂之外，还要抓准始花期适时组织采蜜群。

1. 原巢组织采蜜群　在原群基础上发展起来的采蜜群，没有打乱群界，工蜂遗传素质基本一致，积极性高，采集力强。当蜂群达到采蜜群标准，在流蜜期前 7～10 天开始压缩蜂王的产卵区，逐步减轻蜂群内勤负担，使蜂群从繁殖向采蜜工作转移。并且随着蜂巢的扩大和贮蜜的需要逐渐增加巢础框修造新脾，增加箱体，为蜂群创造生产蜂蜜的条件。

2. 集中蛹脾组织采蜜群　在接近流蜜期前 10 天蜂群的自身繁殖因某种原因未能达到采蜜群的群势标准，可在流蜜期前 10 天以 2～3 个群组成一个采蜜群投入生产，其他群缩小群势继续繁殖。方法是：在这样的蜂群中选择一部分群势基础和蜂王质量较好的作为采蜜群的基础群，其他群作为繁殖群分批撤出蛹脾加强采蜜群，每次加强 2～3 张蛹脾为宜，直到群势接近采蜜群标准为止。

3. 联合组织采蜜群　在流蜜期前，全场蜂群较弱，多数达不到采蜜群的标准，可提前将每 2～4 群平列在一起为一组，并把作为采蜜群基础的蜂群放于中间。进入流蜜期之后，选择一个天气良好、工蜂忙于飞翔采集工作的上午，首先将各群放入少许洋葱末混合气味，并给准备加强为采蜜群的蜂群加上继箱和巢脾，然后从其他群中各提出 1～3 张带蜂的蛹脾，集中放于采蜜群。接着把采蜜群两侧的蜂群连同蜂箱搬走另放新位置，使两侧蜂群的外勤蜂采蜜回巢时都进入这个群。

4. 新王采蜜群　在椴树开花前 13～15 天移虫育王，然后在处女王出房前 2～3 天，把预先选定的具有 12 张子脾，后备力量较强大的中等蜂群之蜂王撤走，经过无王 2～3 天后导入成熟王台，从此，要削除急造王台 2～3 次，以保证处女王出房之后安全存在。新王采蜜群的特点是内勤哺育负担轻，外勤蜂日趋增多，越是到了蜂王已经开始产卵，蜂群的工作情绪空前高涨，几乎倾巢投入采蜜酿蜜工作。然而，新王采蜜群的优势只有当处女王在流蜜盛期之前开始产卵才明显地表现出来，如果产卵时间过晚就不可能全面发挥作用，甚至还不如一般的采蜜群。若新王采蜜群的处女王失去或不能按时产卵，应在流蜜盛期以前及时介绍当年的产卵新蜂王，也能发挥新王采蜜群的作用，不可作为无王采蜜群。

（三）整顿蜂巢

接近流蜜期时要调整蜂巢，把新蛹脾、虫脾、卵虫脾及蜂王安排在巢箱。继箱中放老蛹脾及空脾，供蜂群贮存花蜜。蜂数超过 17～18 框、子脾超过 12 张的蜂群要在继巢箱之间叠加第 2 继箱（此时第 2 继箱里放 2～3 张蛹脾、5～6 张空脾或巢础框）。兼生产王浆的采蜜群要用隔王板把蜂王限制在巢箱 6～7 张巢脾上，继箱里放 3～4 张新蛹脾和蜜粉脾以及空脾，造脾时把巢础框加在隔王板下面的巢箱里。流蜜期的蜂路，巢箱为 9～10mm、继箱为 10～12mm，缺脾时可扩大为 15mm，以便加深巢房，增加贮蜜量。

新分群和弱群，经过联合组织采蜜群，被撤走蛹脾或者调走外勤蜂，群势更加减弱，这些群要保留 3 框蜂以上，作为繁殖群来管理，注意适时加脾扩大蜂巢，加速在流蜜期当中的繁殖。

流蜜前期要控制蜂王少产卵，以便使多数工蜂在流蜜期能够脱离哺育幼虫的内勤负担，投入外勤采蜜和酿蜜工作，发挥其采集效能。

1. 在流蜜初期进蜜较好，第 1 次摇蜜时，不摇子脾上的蜜，利用椴树蜜期进蜜快的特点，以蜜压缩子圈。从第 2 次摇蜜开始，再酌情多摇，此后，外勤蜂已经增多，进蜜的速度可以超过蜂王产卵的速度。其次是早晨或上午摇蜜，摇过蜜的巢脾不等蜂王产上较多的卵，就被蜜蜂当天采回来的蜜占用，自然地限制了蜂王产卵。

2. 在接近椴树开花时，把蜂王用隔王板限制在巢箱 5～6 张脾上产卵，到流蜜后期再撤走隔王板或增加产卵用脾，解除对蜂王产卵的限制。

三、生产椴树蜜

（一）清框

蜂群进蜜 3～4 天后，进行第 1 次摇蜜，把巢内为数不很多的存蜜摇出来，此后采进来的椴树蜜没有其他蜜掺杂，便于分花取蜜，提高椴树蜜的纯度。同时，通过初次摇蜜，蜜蜂在清理巢脾上残余蜂蜜的过程中受到刺激，增强了采集的积极性。

（二）摇蜜

在清框以后，要根据进蜜的速度和所需要达到的蜂蜜成熟浓度，每隔 3～5 天摇 1 次蜜，生产成熟蜜一个流蜜期摇 1～2 次蜜。不可"一扫光"摇蜜，避免摇出大批幼虫，白白地浪费蜂群的哺育力，以致损失掉未来的新生力量，破坏了巢内的饲料基础，影响蜂群的正常生活。

流蜜期摇完蜜的巢脾，空脾要放于巢箱的两侧继续贮蜜（平箱群放于子脾两侧），有蜂儿的巢脾靠近子脾放，有花粉的巢脾放于巢箱，白茬脾（新脾未产过子已经贮蜜）和老脾、次脾放于继箱或巢箱两边，待流蜜期结束缩小蜂巢时再撤出去。

（三）蜂群不断虫脾

摇蜜时要注意使每一个蜂群都有 1～2 张卵虫脾，多的和少的要互相调换互相补充。这样做，一方面调整和平衡了蜂群的内勤负担，另一方面也能维持蜂群在流蜜期万一失王以后的工作情绪。

（四）停止造脾

巢脾不足，要在流蜜前期加巢础造新脾，到了盛期就要停止造脾，使蜂群集中力量采蜜。

（五）加强蜂巢的通风散热

由于椴树流蜜期时值盛夏热季，除了阴雨天之外，一般天气温度较高，同时蜂群处于强壮阶段，加上流蜜期蜜蜂酿蜜蒸发水分的需要，因此，要适时给蜂群通风散热，高温时按群势适当打开蜂箱的通风设备（如纱窗或大盖气门等），低温时随即关闭；蜂箱上面覆盖以草帘、树枝等遮阴物，以降低阳光直射而造成的高温；巢门也要随着气温高低、蜜源好坏、群势强弱而及时扩大或缩小，以利于工蜂采蜜的出入和空气的对流。

（六）及时解除分蜂热

椴树流蜜前期蜂群容易发生分蜂热，若不及时处理，必然导致蜜蜂怠工而降低了产蜜量。因此，进入流蜜期时，要检查蜂群的工作情绪，对于有分蜂热的蜂群，应以换进空脾的方法解除分蜂热，及时把蜂群的工作情绪调动起来，使之投入流蜜期有效的生产中去。

四、椴树流蜜后期的蜂群管理要点

椴树开花之前，蜂群管理的重点已经由繁殖转向生产蜂蜜，但是，这种局面不能延续到流蜜期结束，要在流蜜后期逐渐由生产蜂蜜向繁殖工作转移，为下一个流蜜期或繁殖期做好准备。椴树开花 15～20 天，把控制蜂王产卵的措施解除，摇蜜时要保留子脾上的边角蜜，并要集中子脾布置产卵区，每次摇蜜都要往产卵区增加1～2 张摇完蜜的优质空脾，被蜜压缩了的卵虫脾将蜜清除之后再放入产卵区继续扩大子圈。缺花粉的蜂群要及时调整补充；失王群要及时介绍入产卵蜂王；子脾多和子脾少的蜂群要相互调整平衡；随着采蜜群的减弱，把 3 节箱体的蜂群撤去 1 个继箱，恢复双箱体。尽快把摇蜜造成的蜂巢混乱现象调整过来，使每个蜂群都有条件进行繁殖。

后期摇蜜要保留一定数量的饲料蜜，继箱群 5～6kg，平箱群 3～4kg，为转地或下个繁殖期奠定饲料基础。如果椴树蜜后期严重缺粉，应提前转往有花粉的场地。

椴树流蜜后期，往往由于连续阴雨或一场暴雨之后，最后一批椴树花被雨冲落，流蜜期随即终止。此时要缩小巢门，预防盗蜂。准备转地的蜂群应迅速包装转往新的场地，定地蜂群要撤出多余空脾，全面恢复繁殖期的蜂巢。

五、椴树蜜歉收年蜂群管理要点

进入流蜜期以后，如果发现椴树流蜜情况不佳，预计歉收已成定局，要对已经做好采蜜准备的蜂群进行一些调整，及早地恢复蜂群繁殖，以利于积蓄下一个流蜜期的采集蜂。这时若不及时改变措施，容易造成"蜜歉蜂衰"。

（一）保持饲料充足

蜂巢中积存的蜂蜜要多留少取，继箱群要保持有 6kg 以上（平箱群 4kg 以上）的存蜜基础，再摇多余蜜，不得全群摇光。

遇上粉源稀少或将要缺乏等客观条件时，应立即转向有粉源的秋蜜场地，千万不可勉强维持，防止因缺粉影响繁殖而削弱了群势以致造成秋衰的后果。

（二）调整蜂巢

集中子脾恢复繁殖区，按繁殖期的要求集中布置子脾。及时增加优质空脾供蜂王产卵，增加繁殖措施。限制蜂王产卵的设施都应解除，充分发挥蜂王产卵的积极性。

（三）保证蜂王优良

无王群要及时介绍入产卵蜂王。若新王采蜜群的处女王质量较差或尚未产卵，应及早淘汰，再诱入产卵蜂王，使其恢复正常的繁殖。对保留的新王采蜜群，应调入虫脾，缩短断子期，促使新蜂早日接续上来。

（四）调整群势

繁殖群低于 4 张子脾的要用蛹脾补充，争取达到 5～6 张子脾，增强繁殖力，为下一个流蜜期的采集和繁殖创造条件。

练习题

1. 早春阶段管理蜂群主要做好哪些工作？

2. 早春布置蜂巢为什么要蜂多于脾？

3. 柳树花期管理蜂群的重点工作是什么？

4. 怎样减轻花粉压缩子脾？
5. 山花期管理蜂群的重点工作是什么？
6. 平衡群势对蜂群繁殖有什么好处？
7. 椴树花期管理蜂群需要做哪些工作？
8. 组织采蜜群有哪几种方法？怎样组织？
9. 流蜜期为什么要控制蜂王产卵？怎样控制？

第六章 秋季蜂群管理技术

第一节 胡枝子和秋季花期蜂群管理

　　胡枝子（梢条、杏条）是长白山区和半山区的秋季主要蜜源。这个花期以胡枝子为主，在初期和后期还有数十种山花、野草、农作物等同时开花，构成一个蜜粉丰富的胡枝子花期（现在胡枝子所占比重逐渐减少）。正常年份，从7月下旬陆续开花，8月上旬流蜜，中旬进入盛期，下旬进入后期，这是吉林省山区和半山区最后一个蜜源。因此，本花期管理蜂群的重点不仅是增产蜂蜜和王浆，而且更重要的是要为安全越冬准备强壮的蜂群和优厚的饲料条件，给下一年打下坚实的生产基础。

　　一、胡枝子和秋花初期

　　山区和半山的蚊子草、轮叶婆婆纳、落豆秧和柳兰等许多种草本植物，从7月下旬陆续盛开，8月初胡枝子进入初花阶段。此期，蜜粉良好，花粉尤为丰富，气温较高，昼夜温差较小，有时降雨集中，影响蜂群采集。

　　（一）整理蜂巢

　　1. 小转地而来的蜂群　此时入场的继箱群应当达到12框蜂以上，7～8张子脾，这样的蜂群不但能够贮存越冬蜜脾、生产商品蜜和王浆，而且还能繁殖出健壮的越冬适龄蜂；平箱繁殖群也应达到7框蜂以上，5～6张子脾，以便在新的蜜粉源环境里正常繁殖。要按着蜂群的具体情况，抓紧群势的调整和平衡，子脾较少的弱群应及时补充到繁殖群的最低标准；饲料不足的蜂群要适当补充或者从贮蜜较多的蜂群里调蜜脾，多余的空脾暂时撤出来；无王群及时介绍入蜂王或合并入有王群，不要拖延无王期而耽误了繁殖或生产。

2. 定地饲养的蜂群 要根据蜂群的具体情况，在流蜜期到来之前组织采蜜群。如果蜂群普遍低于 12 框蜂，应以集中蛹脾带幼蜂联合组织采蜜群或临时集中外勤蜂的方法组织采蜜群。

3. 调整蜂脾关系 此期的蜂脾关系不应过松，要保持每张脾不低于 7 成蜂，以保证拥有过剩的蜂力哺育蜂儿，促使蜂群从本期一开始就能够维持面积整齐、比较密实、与蜂数相应的子脾基础，以便达到育子出房率高、群势稳定，适应秋季留蜜脾、生产蜂蜜和王浆、繁殖越冬蜂的需要。

（二）抓紧造脾

在工蜂采蜜采粉日趋旺盛的情况下，要及时给蜂群添加巢础，充分发挥流蜜前期蜂群泌蜡造脾的积极性。此时造脾供给蜂王产卵不但补充了被蜜粉压缩了的子脾数，而且因为使用产过一代子的新脾培育出来的工蜂体大健壮，对以后培养越冬蜂具有重要意义。因此，在胡枝子流蜜前要采取撤去空脾的方法抓紧造新脾，每群增加 2～4 张新脾，争取造 1 张产卵 1 张，为越冬蜂的繁殖期增加新脾上的第 2 代蜂儿。

（三）培育蜂王

此期所处的气候、蜜源、蜂群条件都有利于培育优质蜂王，要利用强群培育一批蜂王，待新蜂王在交尾群中产卵多日以后，利用其更换老劣蜂王，为繁殖越冬蜂和下一年的蜂群繁殖创造有利的条件。

（四）抓紧王浆生产

胡枝子花期，蜜粉源丰富，群势强壮，是当地生产王浆的必争季节，因此应不失时机地抓紧王浆生产。

（五）防治蜂螨

此期是繁殖越冬蜂之前治螨的良好机会，也是防治蜂螨的关键期，要在 7 月末 8 月初进行治螨。

（六）加强蜂群通风散热

气温较高的天气，要注意给蜂群遮阴降温，打开通风设备散发巢内热量，减轻高温给蜂群造成的负担，提高蜂群正常繁殖和采集的效率。

（七）预防蜜蜂中毒

在气候反常胡枝子蜜歉收，外界缺乏蜜源的情况下，往往蜜蜂易采集有毒植物（小藜芦等）和甘露蜜，发生中毒死亡现象。有时，受农田打药的影响，也出现蜜蜂农药中毒现象。

二、胡枝子和秋花盛期

8月上、中旬是胡枝子和秋花盛开时节，正常年进入流蜜盛期，此期天气炎热，有时干旱，流蜜情况较好，有时秋雨连绵而影响胡枝子流蜜和蜜蜂的采集。

（一）贮存蜜脾、摇蜜、繁殖三不误

胡枝子蜜很不稳产，在流蜜盛期要根据流蜜情况，首先贮存越冬蜜脾，然后再进行摇蜜。如果此期气候不利，秋蜜没有丰收的希望，就不要摇蜜，全部贮存蜜脾作为越冬饲料；如果气候正常，进蜜较好，有丰收的趋势，就在留足越冬蜜脾和来年春季繁殖用的半蜜脾、蜜粉混合脾的前提下再进行摇蜜。要侧重摇不适合越冬用的新脾上的蜜和被压缩的小面积子脾上的蜜，努力保持子脾个数不减少、子脾面积不缩小，以达到贮存蜜脾、摇蜜、繁殖三不误的目的。

（二）贮存蜜脾和粉脾的方法

贮存蜜粉饲料应选用巢房整齐，使用过1～2年的深色巢脾，以便未来能作为蜂群繁殖期的产卵用脾。

1.继箱群贮存蜜脾　一般继箱群可把贮蜜的巢脾放在继箱两侧的边脾位置上，根据进蜜速度每次放进2张脾（可以使用被蜜压缩为小面积的蛹脾，当幼蜂全部出房即成为蜜脾），待贮满蜜时在它的里侧再各调进1张脾继续贮蜜；加隔王板的继箱群，把蜂王限制在巢箱里产卵，继箱里放2～3张蛹脾和4～5张贮蜜专用脾，调整蜂巢时，要将巢箱里的新蛹脾调到继箱，继箱里的原蛹脾幼蜂已经出房，尚有空巢房能够继续产卵用的巢脾要串到巢箱，已经贮满蜜的留在继箱做蜜脾。花粉压缩子脾时和贮蜜占用子脾时，以造新脾供给蜂王产卵来补充子脾数。当蜜脾贮蜜的巢房达到80％以上封盖时，可撤离蜂巢放在空蜂箱里置于凉爽的室内保管。

2. 平箱群贮存蜜脾　要根据蜜源和群势情况分别利用。在蜜源较好的情况下，巢脾已经满箱的平箱群可以加继箱（不加隔王板），把巢箱里的蜜脾提到继箱，原位加以空脾，继箱里放 4～5 张脾贮蜜。若是巢脾不满箱时，可以把空脾加到原边脾外侧贮蜜，封盖蜜脾可暂时置于隔板外侧。无论采用哪种形式贮存蜜脾，都不应打乱蜂巢应有的布局而影响正常的繁殖。

3. 贮存花粉脾　胡枝子和杂花期，花粉较为丰富，要多贮存一些花粉脾供来年早春蜂群繁殖使用。贮粉的巢脾要放在巢箱边脾位置（有些子脾被花粉严重压缩可串到边脾位置，待幼蜂出房后贮上花粉即成为粉脾），贮满花粉的巢脾应提到隔板外侧，原位置再加 1 张深色空脾继续贮粉。在后期紧缩蜂巢时，将花粉脾撤出妥善保管。

（三）继续为繁殖越冬蜂平衡群势

在繁殖越冬蜂之前，适当适时地利用强群的蛹脾加强弱群是很有价值的。强群撤走 1 张蛹脾，再加上 1 张空脾或巢础，蜂王产上卵，仍然补充了应有的（越冬蜂）子脾数，弱群被加强的蛹脾出房之后，蜂王接着产上卵仍然保持着这张子脾，这样既增加了哺育越冬蜂的工蜂，又增加了繁殖越冬蜂的子脾数。

对于子脾少、蜂数少的弱群，要以强群的幼蜂和老蛹脾来补充；对于子脾个数多、面积小的弱群，要以 2 张小面积子脾同强群换 1 张大面积蛹脾，改变其蜂脾关系，扩大其子脾面积；对于蜂数少的弱群应补充以幼蜂（在外勤蜂忙碌采集时，将应补给弱群的蜂抖落在其巢门前，使幼蜂自己从巢门爬入弱群，老蜂自然返回原群），使其迅速得以加强。

此期要尽可能使蜂群平衡在 7 张子脾以上，形成繁殖越冬蜂的群势基础，极度衰弱的小群，没有力量补充强壮，应及早合并，使之达到繁殖越冬蜂的群势，切不可只顾群数忽视群势而造成弱群难以越冬的局面。所以说，此期对于弱群，实行早加强、早合并的措施，其效果要比被迫在越冬之前合并好得多。

三、胡枝子和秋花后期

8 月下旬，胡枝子花期将要结束，但此时还有兰萼香茶菜、地榆、香薷和菊科等一些野草杂花继续开放，流蜜量虽然较小，但花粉丰富，对蜂群最后阶段的繁殖十分有利。直到 9 月上、中旬初霜以后花期即结束，全年采集期终止。

此期是本地繁殖越冬蜂的最后阶段，也是养蜂生产不可忽视的关键时期之一。要力求在前阶段贮存蜜脾、摇蜜、繁殖以及治螨的基础上，抓好蜂群最后阶段的繁殖措施。

（一）整顿蜂巢

蜂巢内的全封盖蜜脾和空脾要及时提出去，或者贮放在继箱中，逐渐把子脾集中在巢箱内，面积小的放在两侧，面积大的放在中间，每张子脾上应保持有 500g 左右的边角蜜。此期蜂巢内不加空脾，不造新脾，不实行扩大蜂巢的措施，保持蜂路为 9～10mm，尽可能使蜂密集护脾，在现有子脾的基础上继续繁殖越冬蜂。

（二）加强蜂群局部保温

9 月初以后，气温下降，要进一步促使蜂巢密集。撤去继箱和空脾，暂时撤不了继箱的蜂群，将覆布斜盖在继巢箱之间，使之露出两个盖不着的箱角作为继巢箱间的通路，这样既利于蜜蜂在低温时密集在子脾上保温，又便于蜜蜂在气温较高时可以回到继箱的巢脾上栖息。同时，要把蜂箱落到铺有干草的地上，箱底周围包上一层草，草外边再培以 8cm 左右高的一层土，覆布保温较差的蜂群，要加盖 2 层报纸，做好箱外的局部保温。巢门要适当缩小，减少开箱检查蜂群的时间，防止引起盗蜂。尽力保障最后一批子脾的正常发育。

（三）解除生产措施

一般丰收年，胡枝子花期结束后要停止摇蜜，切不可因为杂花一时进蜜情况良好而盲目动摇蜂群内的饲料基础。王浆生产随蜜源的减少和群势的下降，应在8月下旬或9月初结束。使蜂群在缩巢的过程中解除生产措施。

四、林区秋花期蜂群管理

林区椴树花期过去之后，靠零星辅助蜜源繁殖蜂群。采伐迹地面积大的地方和具有较多草本植物的地方辅助蜜源较为丰富，有时能够贮存下足够的越冬饲料甚至有所盈余。但多数地方一般年景只能为蜂群的繁殖提供蜜粉饲料。

（一）抓紧复壮蜂群

1. 整顿蜂巢　在椴树花后期已经恢复繁殖期蜂巢的基础上，要继续略加密集蜂巢（每张脾7~8成蜂），撤出空脾，子脾集中于蜂巢中间，两侧放优质巢脾供蜂王产卵，扩大繁殖区，按繁殖期的管理措施及时给继箱群上下调脾，注意调整平箱群巢脾的排列位置。饲料多的蜂群要同饲料少的蜂群相互调整补充，普遍缺饲料时应补加蜜脾或进行补喂，为复壮蜂群创造一个良好的蜂巢条件。

2. 合并弱群　一般情况下，在这种场地复壮蜂群是有限度的，弱群在短时间的繁殖当中复壮速度缓慢，难于增强群势，因此，低于5张子脾不足4框蜂的弱小蜂群都应及早合并（也可以把弱群合并入强群组成双王群繁殖越冬蜂），此时合并能够增强弱群的抗逆能力，提高哺育力，对繁殖健壮的越冬蜂有利，对安全越冬有利。

3. 修造新脾　在蜜粉源较好的情况下，可以根据蜂群繁殖的需要，在7月末8月初适当造脾，为蜂群扩大子脾范围而增添新脾，促进繁殖。在8月中旬以后，若蜜源处于一般的情况时就应停止造脾；若蜜源情况良好，群势较强，还可以少量造脾。

4. 摇蜜和留蜜脾　秋季一般林区没有摇蜜机会，但在特殊情况下，蜜源较好的地方除了满足蜂群自身繁殖所需要的饲料和留越冬蜜脾之外，也能摇取商品蜜，这时要参照胡枝子花期摇蜜和留蜜脾的方法进行。

5. 育王和换王　在林区定地饲养的蜂群，秋季育王时间应安排在7月末8月初，此时要培育一批优质新蜂王，以其更换蜂群中的老劣蜂王，为蜂群未来繁殖准备下产卵效率高的蜂王，为繁殖越冬适龄蜂和下一年的生产创造良好的条件。

（二）抓紧繁殖越冬蜂

林区秋季辅助蜜源植物集中在前期开花，后期逐渐稀少，具有秋季蜂群繁殖期较短和断子较早的特点，因此，要早抓繁殖越冬蜂的措施。从8月上、中旬开始，在前期复壮的基础上，随着气温和蜜源的变化调整蜂脾关系。在气温正常蜜源较好的情况下，最初可适当松脾，增加或换进产卵脾（提出边脾，以被蜜粉压缩了的子脾为边脾，加入产卵脾）；进入8月下旬，应停止加脾，在现有的子脾基础上进行繁殖，若此期低温连雨，蜜源较差，应提前停止加脾，一直在维持现有子脾的基础上进行繁殖。并且要保证饲料充足，不足者及时补充。后期繁殖越冬蜂措施参考本节胡枝子花后期管理。

（三）其他管理措施

1. 生产王浆　从椴树蜜结束后，在强群的基础上，利用本地辅助蜜粉源进行王浆生产，可以持续到8月下旬。

2. 防治蜂螨　在椴树蜜结束之后，要及时着手进行繁殖越冬蜂以前的治螨工作。

3. 防止贮存甘露蜜越冬　林区秋季有时蜂群采集大量的甘露蜜，往往误认为是花蜜而做越冬饲料，以致影响蜂群安全越冬。预防的方法是：经常注意观察蜜蜂所采集的蜜源，一旦发现采进大量甘露蜜，应在越冬前摇出去，换以优质蜜脾或补喂优质白糖糖浆作为越冬饲料。

4. 捕杀胡蜂　秋季林区胡蜂较多，常常袭击蜂群，捕食蜜蜂，对蜂群有较大的危害，要加强巡查进行捕杀，减轻蜜蜂的受害程度。

5. 预防盗蜂　8月下旬以后蜜源逐渐稀少，要加强防止盗蜂的措施，保证不因盗蜂而破坏蜂群的繁殖条件。

第二节　向日葵、荞麦花期蜂群管理

一、向日葵花期蜂群管理

向日葵是北方秋季主要蜜源，花期较长。吉林、黑龙江 7 月中旬至 8 月中旬开花；辽宁、内蒙古 8 月上旬至 9 月上旬开花。向日葵花期蜜涌粉盛，具有繁殖蜂群和生产蜂蜜、蜂王浆的双重条件。对定地饲养的蜂群来说，向日葵花期是当地最后一个主要蜜源，既要安排好蜂群的生产，又要抓紧繁殖越冬蜂留足越冬饲料；转地而来的蜂群，已经历了几个流蜜期，时值一年繁殖的后期，应将繁殖和生产两者兼顾起来。

（一）向日葵花前期

向日葵花期正值高温多雨季节，有时受干旱或阴雨气候影响，流蜜不正常，但在一般情况下都能取得不同程度的产蜜量。从生产蜂蜜的趋势来看，要比胡枝子花期稳；从准备安全越冬的条件来看远不及胡枝子花期（向日葵蜜易于结晶、流蜜期有盗蜂等）。为此，前期应以生产为主，并以摇蜜造脾促进繁殖，保持蜂群的强壮基础。

1. 准备采蜜群　定地饲养的蜂群要在流蜜期前集中蜂力组织采蜜群；转地而来的蜂群要抓紧调整蜂巢，处理偏集群和失王群，把采蜜群调整到 10 框蜂以上，不低于 6 张子脾，繁殖群的群势也不要低于 6 框蜂 5 张子脾，为在本花期中边生产边繁殖奠定较强的蜂群基础。

2. 取向日葵蜜　向日葵花期进蜜较快，要根据进蜜情况和保证蜜的成熟度，每2～4天摇1次蜜，在天气正常进蜜较好的情况下，可以把巢内大部分存蜜摇出去（但不得一扫而光）；天气不佳，流蜜不正常时，要少摇蜜，适当保留一些饲料蜜。摇蜜时不要打乱子脾的布局，务必保持子脾集中，每次摇蜜要选择优质巢脾加入子脾中间供蜂王产卵，扩大产卵脾，力争在摇蜜的过程中，为蜂群繁殖创造有利条件。

3. 生产王浆　向日葵花期蜜粉丰富，群势强壮，是本地蜂王浆生产的高峰期，在兼顾产蜜、繁殖的前提下进行蜂王浆生产，夺取蜂蜜王浆双丰收。

4. 修造新脾　利用蜂群泌蜡的积极性，抓紧造新脾供蜂王产卵，补充被蜜压缩了的子脾，以保证子脾数量不减少而有所增加，子脾面积不缩小而有所扩大。

5. 培育蜂王　定地饲养的蜂群和小转地的蜂群都要有计划地培育一批优良的新蜂王，更换蜂群中的老劣蜂王，为繁殖越冬蜂及来年生产准备下产卵力较强的蜂王。

6. 散热和喂水　炎热天气要注意给蜂群遮阴、通风、散热，按着天气和蜜源以及盗蜂的情况扩大或缩小通风设施和巢门，并且要坚持给蜂群喂水。特别是干旱季节或缺乏水源的地方，更要注意给蜂群喂水。必要时，适当给蜂群加水脾，满足蜂群饮水和降温的需要。

7. 防治蜂螨　向日葵花前期蜂群里的蜂儿还不是越冬蜂，要抓紧采取治螨措施，提前压低蜂螨的寄生率，保证未来越冬蜂的健康发育。

8. 预防农药中毒　此期有时因农田菜地施用农药而发生蜜蜂农药中毒情况，要加强调查，采取预防措施。

（二）向日葵花后期

当向日葵花期逐渐进入后期阶段，往往同时受气候变化的影响，流蜜强度有所减弱甚至有时停止，加上受摇蜜的影响，盗蜂明显增加。此期管理蜂群除了继续实行前期的有关措施之外，还要做好以下几项工作：

1. 改变取蜜措施　向日葵花后期摇蜜要根据天气情况进行，若遇寒潮应停止摇蜜，不要动摇巢内的饲料基础。在天气良好流蜜正常的情况下，定地饲养的蜂群要"留取结合"，每群留4～5张封盖蜜脾（参考本章胡枝子和秋季花期蜂群管理）作为越冬饲料（摇出来的蜜用于越冬饲料容易结晶，流蜜期间由蜜蜂直接酿造成熟的封盖蜜脾结晶程度则较低），其余蜜可以适当摇出来，最后阶段要压满子脾上的边角蜜，以保证繁殖越冬蜂的饲料条件；转往荞麦场地的蜂群要"少留多取"，除保留7成以上面积子脾的边角蜜以外，其他蜜可以摇出，为采荞麦蜜创造条件；转往半山区胡枝子和杂花场地的蜂群要"多留少取"，除了保留子脾上的边角蜜以外，还要保留1～2张蜜脾，因为此时胡枝子蜜已经结束，只有杂花辅助蜜源，所以蜂群内要贮存充足的饲料蜜，为繁殖越冬蜂的最后阶段奠定饲料基础。

2. 调整群势　就地越冬和转往胡枝子、杂花场地的蜂群，要注意平衡繁殖越冬蜂的群势和调整子脾基础，及时地把生产群同繁殖群平衡起来，增加弱群的繁殖能力。

3. 蜂脾关系　随着蜜源的减少逐渐由脾多于蜂转为蜂脾相称，停止造新脾，撤出多余空脾，把子脾集中于巢箱，低温天气加强局部保温，在现有子脾的基础上进行繁殖。

4. 预防盗蜂　向日葵花期的流蜜特点是在晴暖无风的上午流蜜较好，下午或低温天气流蜜较差，易起盗蜂，一旦蔓延不易制止。为此，摇蜜时要在防盗蜂的条件下进行，不要在蜂场上露天摇蜜。要根据天气和进蜜情况调整巢门，低温、易起盗蜂期间不要开箱检查，不提脾摇蜜。巢内保持充足的饲料，减少蜂群作盗机会。

二、荞麦花期蜂群管理

荞麦是我国秋季最后一个主要蜜源。荞麦的花期与油菜相反，从北向南推迟，始花期：黑龙江 8 月上旬、吉林和辽宁 8 月中旬、河北 9 月上旬、湖北 9 月下旬、广西 10 月上旬，花期 20～30 天。荞麦花期的特点是流蜜量较大，进蜜涌，贮蜜压缩子脾。此期气温逐渐下降，昼夜温差加大，盗蜂时起，蜂群进入群势衰退期。

（一）荞麦花前期

1. 组织采蜜群 荞麦花期进蜜较快，容易影响后期繁殖。实践证明，强群脾多，贮蜜集中，子脾基础好，易于扩大；弱群脾少，多数花蜜贮存在子脾上，不易于扩大子圈，经过流蜜期往往弱群越弱。因此，以 10 框蜂以上的较强蜂群进入荞麦流蜜期是实现产蜜、繁殖两不误的可靠措施。如果蜂群较弱可提前合并成采蜜群。

2. 奠定子脾基础 荞麦花期，蜂群繁殖的趋势是下降而不是上升。在流蜜初期没有良好的子脾基础，靠荞麦花期扩大子脾是很困难的。因此，在上一花期末至荞麦流蜜期之前要注意扩大产卵圈，使蜂群保持着数量比较多面积比较完整的卵虫、蛹各龄子脾，形成荞麦花期的子脾基础。进入流蜜期后，在此基础上及时清理压缩产卵脾的蜜房，继续扩大产卵圈，减慢子脾收缩的速度，提高蜂群在荞麦花期的繁殖效率。

3. 合并弱小蜂群 荞麦花期的弱群和小群，其群势不仅不能增长，反而衰弱的更快（其原因除了蜜源、气候不利于弱群繁殖之外，还与弱群的哺育能力低和抗逆性能较弱有关）。因此，早合并比晚合并有利，要在流蜜前期把那些不足 5 张子脾的弱群合并为 8 张子脾的蜂群，经荞麦花期的繁殖，还能维持中等蜂群的群势。如果这样的弱群在流蜜期之后再合，2～3 个群也不一定能够合并成为一个理想的中等蜂群。

4. 摇蜜和贮存蜜脾 为了保证蜂群的安全越冬，荞麦花期首先要贮存足够的越冬蜜脾（每群 4～5 张），在此前提下再进行摇蜜，力求通过摇蜜努力维持子圈不缩小，但也要避免实行一扫光的摇蜜方法。

5. **修造新脾** 荞麦流蜜初期，可以根据群势和蜜源情况适当造新脾供蜂王产卵，以补充被蜜压缩了的子脾，但进入流蜜盛期以后就要停止造脾，因为这时造成的新脾，待孵化蜂儿时已进入流蜜后期，气温下降，易产生拖子，育子效率比较低。

6. **育王换王** 定地饲养的蜂群，要在荞麦花期之前的杂花期培育蜂王，在本期以产卵新蜂王更换老劣蜂王，增强蜂群的繁殖力。

7. **防治蜂螨** 在繁殖越冬蜂前没有进行过治螨的蜂群，在荞麦开花前应抓紧治螨，为繁殖健康的越冬蜂而压低蜂螨的寄生率。

8. **生产王浆** 荞麦花期的前期蜜源、气候、蜂群条件适合生产王浆，但后期随着客观条件的变化应停止王浆生产，而集中蜂群的哺育力繁殖越冬蜂。

（二）荞麦花后期

1. **改变摇蜜措施** 进入荞麦流蜜后期，要注意气候和蜜源的突然变化，要少摇蜜，多贮存饲料，一般不摇60%面积以上子脾的边角蜜，使这些边角蜜贮存下来作为来年蜂群繁殖的饲料。

2. **密集蜂巢** 随着群势的下降，撤出多余空脾，撤掉继箱，缩小蜂巢，使子脾集中于巢箱，蜂数密集，逐渐由前期脾略多于蜂改变为蜂脾相称，以便适应蜂群在气温逐渐下降、蜜源逐渐减少、盗蜂逐渐增多的环境中哺育蜂儿的需要，在现有子脾的基础上繁殖好最后一批越冬蜂。

3. **防止盗蜂** 荞麦流蜜期，由于蜜味大，加上受干旱、降雨、寒潮等气候变化的影响，荞麦流蜜间断或停止，容易引起盗蜂，一旦盗蜂蔓延则不易制止。因此，摇蜜时要在防盗蜂的条件下进行，不要在蜂场上露天摇蜜，要根据天气和进蜜情况及时调整巢门。低温或不流蜜易起盗蜂时间不要开箱检查，不提脾摇蜜。巢内保持充足的饲料，减少蜂群作盗机会。

4.加强局部保温　气温逐渐下降，气温常有变化，时遇寒潮，要注意蜂群的局部保温，在繁殖末期，加强保护最后一批蜂儿的正常发育。

练习题

1. 胡枝子和秋花花期管理蜂群要做好哪些工作？
2. 培育越冬适龄蜂要采取哪些措施？
3. 为什么提倡利用封盖蜜脾做越冬饲料？
4. 向日葵花期管理蜂群的重点工作是什么？
5. 胡枝子花期管理蜂群的主要工作是什么？

第七章　冬季蜂群管理技术

第一节　越冬前蜂群管理

一、为蜂群创造安全越冬条件

在吉林省定地饲养的蜂群，一年中蜜蜂从事繁殖和采集的时间仅有 5～7 个月，其余时间则为越冬前和越冬期，在这段时间里蜂群的个体不仅没有增殖的机会，而且也失去了新老蜂交替保持平衡的条件，蜂群完全生活在消耗个体数量和质量的环境中。这期间，如果蜂群具备了越冬的条件，其群体便以较轻的消耗保存一定的实力而安全度过冬季。反之，蜂群缺乏或不具备越冬条件，其群体在冬季就要被严重削弱甚至覆灭。

安全越冬的条件是在秋季饲养管理过程中形成的，秋季的准备如何，关系着越冬的安全与否，越冬的成败又关系着下一年蜂群的基础和全年的养蜂生产。假如秋季没有做好准备工作，到了冬季，任何措施都难于改变已经形成的局面。因此，秋季蜂群繁殖的程度既是越冬的基础，更是下一年繁殖的开端。

综合其他条件：第一，要培养健康强壮的越冬蜂群；第二，要有足够优质的越冬饲料；第三，要合理布置越冬蜂巢；第四，要有适宜的越冬场所；第五，加强冬季管理措施。前 4 个条件要从秋季开始逐渐形成，特别是繁殖越冬蜂群和贮存越冬饲料的基本措施，要在当地最后一个花期以前开始抓。

二、晚秋适时断子

当地最后一个蜜源终止后，繁殖越冬蜂的工作即告结束。这时蜂王再继续产卵也不可能发育为越冬蜂了，但大多数蜂群中的蜂王仍然不能自然地停止产卵，致使蜂群不能很快地结束哺育蜂儿的工作。蜂群进行这种无益的哺育活动弊多利少。其一，越冬蜂被迫参加了哺育幼虫的工作，体力受到消耗，缩短了寿命，导致越冬蜂早期衰老死亡，以致群势削弱，降低了越冬蜂的质量；其二，蜂群进行这种对群体没有增强作用的繁殖活动，必然要消耗蜜粉饲料，造成浪费；其三，蜂王继续产卵，过度消耗产卵力，缩短了蜂王的有效利用时间。

为了避免蜂群这种无益的繁殖活动，在结束繁殖越冬蜂时要促使蜂王停止产卵，适时断子。断子的方法要因地制宜，采取加大蜂路降低巢温的方法，宜在无子脾时进行，巢内有子脾容易损伤蜂儿；采取用王笼幽闭蜂王的方法，虽然能达到断子目的，但放蜂王出笼时，容易发生围王现象。目前常用的方法是：利用带有蜂王隔离栅的王笼，把蜂王幽闭在这种王笼里，工蜂通过隔离栅自由进出王笼，同蜂王直接接触，这样，放蜂王出笼时比较安全。

三、初整越冬蜂巢

秋季蜜源终止，蜂群内最后一批蜂儿出房，趋于断子状态，这时要抓紧整顿蜂巢，初步奠定越冬蜂巢的基础。

（一）以封盖蜜脾布置蜂巢

若有贮存的封盖蜜脾，可直接换入蜂巢中，将巢内原有的巢脾撤出去，蜂脾关系以蜂略多于脾为宜（6.5～7框蜂放6张脾）。

（二）以空脾或半蜜脾布置蜂巢

若无现成的封盖蜜脾，准备补喂饲料时，要以蜂多于脾的蜂脾关系布置蜂巢（6～6.5框蜂留5张脾），留出补喂饲料消耗群势的余地。此时留在巢内的应该是巢房整齐、无大量花粉、有封盖蜜房的深色巢脾，那些未封盖蜜脾（易含甘露）、浅色脾均不适合留在巢内越冬，应撤换掉。

（三）撤出花粉脾

蜜蜂在停止造脾、泌浆、哺育幼虫活动的越冬期，不需要花粉饲料。因此，越冬群不需要保留花粉脾，要在初整蜂巢时撤出，放到群外保存，待早春排泄后再加给蜂群。

四、补喂越冬饲料

（一）越冬饲料的数量标准

因不同地区蜜蜂越冬期长短有所差别，所需要的饲料数量也有所不同。比如，在严寒地区的越冬期以10月到翌年4月（在正常越冬情况下），一个4～5框蜂的越冬群需要10～13kg蜜，每框越冬蜂平均2.5～3kg；一般地区，越冬期从11月至翌年3月，每框越冬蜂平均需要2～2.5kg。必须指出，因为冬季蜜蜂是靠消耗糖产生热量而维持巢温的，所以越冬蜂群每框蜂的饲料消耗量随着群势的减弱而递增，越是弱群每框蜂的饲料消耗量越大，因此，计算弱群和强群的越冬饲料标准要有所区别，做到宁足勿缺。

（二）越冬饲料的质量要求

越冬饲料应当使用不易结晶的成熟蜂蜜或纯净的白糖。像发酵蜜、甘露蜜、含有铁锈及被有害物质污染的蜜、带有传染病源的蜜等都不能作为越冬饲料。另外像红糖、饴糖、土糖等也不宜作为越冬饲料。含有葡萄糖量较高的椴树蜜、向日葵蜜等，在流蜜期直接留封盖蜜脾当作越冬饲料时，其结晶程度比较低，但在越冬前将这种分离蜜补喂给蜂群做越冬饲料时，冬季结晶程度较高。因此，像这种易于结晶的分离蜜适合与含果糖量较高的杂花蜜或与糖浆混合在一起做越冬饲料，以便降低葡萄糖的含量，减轻结晶程度。

（三）越冬饲料的处理方法

1. 以蜂蜜做饲料　秋季气温逐渐下降，分离的蜂蜜由于已经充分混合，一般都含有葡萄糖结晶核或已开始结晶，所以在补喂之前以50kg成熟蜜加3～4kg水，放于锅内逐渐加温到70℃，持续半小时之后取出，以便充分溶解葡萄糖结晶核。

2. 以糖浆为饲料　用质量纯净的白砂糖、绵白糖制成糖浆补喂给蜂群作为越冬饲料不亚于优质蜂蜜。以糖浆为饲料的最大特点是冬季不易结晶，蜜蜂越冬既安全又节省饲料。调制糖浆的方法是：以每50kg白糖加28～33kg水，先将水放入锅中加温至100℃，然后放入白糖，待全部溶化，再一次达到100℃时取出冷却。

（四）越冬饲料的补喂方法

补喂越冬饲料要在短时间内接连喂足，不可延长饲喂蜜糖的时间，防止蜂王大量产卵，造成巢温过高蜂团松散，影响安全越冬，对于蜂王已经产上卵的巢脾，应以灌满蜜的巢脾换出。

补喂越冬饲料可用框式饲喂器、塑料盒、灌脾等方法，要在傍晚把饲喂器或灌好蜜的巢脾放进蜂巢里。饲喂器要接近巢脾摆放，中间不加隔板，倒入饲喂器的蜜应是比较温热的（35℃左右），蜜温过低蜜蜂搬运、酿造排水较慢，蜜温过高，则会损伤蜜蜂。第1次喂完之后，靠近饲喂器的蜜脾比离饲喂器远的蜜脾贮蜜多，因此要把饲喂器换到另一侧或把轻重不同的蜜脾互换位置，以保证脾上贮蜜均匀。

给蜂群补喂越冬饲料的工作，要在越冬期开始前的两个月结束，此期参与对饲料蜜进行酿制、排水、封盖的蜜蜂是非越冬蜂。切不可喂得过晚，以便保证越冬适龄蜂的体质。

五、越冬前定群及其箱外管理

（一）布置越冬蜂巢

调换或补充完越冬饲料的蜂群，在越冬前要进行最后一次检查，布置越冬蜂巢。

1. 蜂脾关系　越冬蜂群要蜂脾相称或蜂略多于脾（4～4.5框蜂放4张脾），切忌蜂脾相差悬殊。群内脾多了，蜜蜂结团不集中或巢内有"闲脾"；蜂过多于脾，造成蜂团热量大，加快饲料消耗。越冬蜂巢的蜂路为12mm左右。

双箱体越冬的蜂群，必须具有8框蜂以上，这样的蜂群可以在继箱和巢箱里对称放16～18张脾，实行脾多于蜂1倍的蜂脾关系，以便适应强群越冬的特殊性。

越冬贮备蜂王的小群不能低于两框蜂，最少放两张脾，可以将两个这样的小群布置在一个用隔蜂板隔成两区的巢箱里，或者布置在卧式箱的主群一侧。

2. 巢脾的排列　平箱越冬的蜂群以封盖较好的蜜脾放两侧，封盖较差的蜜脾放中间，前部有少量空巢房的放中间，这样布置不仅利于蜜蜂结团，而且减少未封盖蜜发酵的机会；双王群越冬的蜂群，应将有少量空巢房的蜜脾放在两个小蜂团相邻的一侧，外侧放贮蜜较多的巢脾，这样布置能使两个群结成一个蜂团，利于冬季保温和春季蜂王产卵；双箱体越冬的蜂群，继箱里放大蜜脾（像平箱越冬那样排列），巢箱里放半蜜脾，使越冬饲料有 2/3 集中于继箱，有 1/3 在巢箱，以适应蜜蜂结团于继箱巢脾下部和巢箱巢脾上部的特点。

3. 蜂巢其他设施的处理　越冬巢脾布置好之后，靠巢脾的外侧加上隔板，箱内不要添加保温物，盖以没有蜂胶、既能透气又能保温的覆布，并在覆布上增盖几张报纸（越冬时要把纸撤去），以便在低温时防止冷风直接吹入蜂巢。

4. 定群记录　布置完蜂巢的越冬群，要准确记录群势、脾数、蜜数、蜜脾封盖程度、蜂王品种和年龄等情况，作为冬季箱外管理的依据。

（二）减少蜜蜂的频繁活动

调换或补喂完越冬饲料的蜂群，在进入越冬期之前，常常由于气温较高或巢内的各种原因，蜜蜂连续频繁飞翔，大大超过了越冬前蜜蜂应当进行的排泄飞翔活动。这种过分的活动必然造成越冬蜂体力的消耗，同时，蜜蜂在飞翔过程中个体有减无增，屡受损失，无偿地削弱了越冬群势。因此，适当减少蜜蜂的飞翔活动，对保存蜂群的越冬实力具有重要作用。

减少越冬蜂的频繁活动，要从蜂巢的内部和外界环境做起。首先，要及早结束调整和补喂越冬饲料工作，使巢内的蜜脾及时封盖，巢内根本断子，没有再次出现子脾的机会，巢内不增加保温物，排除任何能够导致巢温上升的因素。其次，除了必要的检查之外，不要过多地拆动蜂巢，避免因活动巢脾而刺激蜜蜂飞翔，要使蜜蜂安静地栖息于蜂巢中。最后，要适当缩小巢门，不适合飞翔的天气，在巢门前增加遮阴物，以减少阳光直射的温度和亮光对蜂群的刺激。不到越冬包装时期，不增加箱外保温物，不要人为促使巢温升高而增加蜜蜂的活动量。

第二节　蜂群越冬场所

一、蜂群越冬室

修建越冬室要根据当地的气候和地下水位等自然情况而定，有地上越冬室、半地下越冬室、地下越冬室。这 3 种越冬室，虽然建筑形式不同，但在使用上基本一致，要求每个标准巢箱平均占 0.6m³ 的容积，每群蜂占有 6cm² 的进气孔和出气孔。越冬室的规格、长度根据放置蜂箱数量而定。宽度分两种：270cm（放两排蜂箱），480～500cm（放四排蜂箱）；高度为 240cm。越冬室必须具有抗寒隔热性能，在本地最低气温下，能够保持室温在 0℃以上，不依靠人为取暖升温。在越冬期气温偶然上升到 10℃以上，室温不马上升高，不突破 4℃～5℃。

另外，越冬室的地面和墙壁必须保持比较干燥，如果潮湿应该在蜂群入室之前采取措施排除。越冬室的抗寒和隔热性能与室门有很大关系，要设置两道结构严密的保温门，以便增强越冬室的保温作用。

（一）地上越冬室

在地下水位较高的地方，适合修建地上越冬室。地上越冬室就是建筑在地面上，其修建方法和建筑用材相同于一般房屋，不同之处就是越冬室周围设有两层墙壁。两壁之间保留 30～50cm 的空隙（根据当地气候和选用的保温材料确定两墙之间空隙大小），以供填装保温材料（如锯末、稻皮、碎草、珍珠岩、苯板等）。上部设有保温天棚，与内墙顶端相连接，不与外墙连接，使天棚上填装的保温材料同周围两墙壁之间的保温材料连成一体，没有任何间隔，以便发挥保温作用。进气孔设在两侧墙壁沿着地平面由墙外伸入室内，出气孔均匀地分布在天棚上，使空气从两侧山墙上的大百叶窗口流出，也可以使出气孔像烟筒一样从天棚上经过房盖直接伸到外面。进、出气孔的规格和数量可根据越冬室容纳蜂群的数量来确定。

利用一般住房，增加一层内墙，两墙之间和天棚上填装保温材料，也能改建为简易的地上越冬室。

修建标准的地上越冬室时，要用石头打成宽 110～120cm 的地基，然后从这个墙基的地平面上以石头或砖砌成内外两道墙壁，内墙要低于外墙，以便连接天棚，外墙同房盖相接。添加的保温材料因长久不动，故要掺进一些生石灰，防止生虫发霉。

（二）半地下越冬室

在地下水位较高又比较寒冷的地方，可以建筑保温性能较强的半地下越冬室。半地下越冬室与地上越冬室的不同点是：其整个建筑体在地下一半，地上一半。

建筑标准的半地下越冬室时，首先在建筑工地上挖成大于建筑面积的深为120cm的地下基础，根据土质情况，周围的墙基还要在地下部分的基础上再深入地下 30～50cm，沿着墙基用石头砌成宽 100cm、高 120cm 的地下墙壁。然后，在地下墙壁的基础上，再用单砖砌成厚度为 24cm 的两道墙壁，两墙中间空隙宽30cm，外墙与防雨房盖相连接，内墙与天棚相连接，使地上部分的两墙之间的保温材料同天棚上的保温材料形成一体。在越冬室的周围距离外墙 2m 远处挖出低于室内地平面的排水沟，拦截沉积的水流，保持室内干燥。进气孔要从两侧排水沟深入室内，利于空气从低处进入。半地下越冬室的其他设施，与地上越冬室基本相同。

（三）全地下越冬室

在地下水位较低，天气又比较寒冷的地方，蜂群越冬适合采用抗寒隔热性能较强的全地下越冬室，全地下越冬室的特点是：越冬室全部在地下，只在天棚上填装保温材料，周围墙壁外侧充填黏土，上部设有防雨房盖，在防雨房盖周围挖出排水沟，以便雨天排出浮水，其室门要设在偏坡的低处，挖去前面的土方，成为斜坡通道，方便搬运蜂群和进出越冬室。出气孔相同于半地下越冬室，进气孔要安设在室门一侧或门下方，沿室内地平面以下进入越冬室。

建筑标准的全地下越冬室，首先要在建筑工地挖出大于越冬室建筑面积的深为 270cm 的土方，然后用石头和水泥砌成地下70cm 厚的四周墙壁，中间纵向砌一道石墙，上面覆盖以水泥预制板或木板，形成纵向长形两间，以增强建筑物的坚固程度。越冬室的上部加设防雨盖时，天棚上要覆盖 30～50cm 厚的保温材料。如果越冬室的上部建筑仓库等建筑物时，天棚上要覆盖20～30cm 厚的黏土，然后在此基础上再打成上层建筑物的水泥地面。全地下越冬室的其他设施，与半地下越冬室、地上越冬室基本相同。

二、室外越冬

室外越冬是一种箱外包装的越冬形式，可以根据本地实际情况利用锯末子、稻皮、树叶、碎草和保温被等包装物，为蜂群包装，增强其抗寒能力，让蜂群生活在自然的温度和湿度当中，再附加以人为管理措施，从而保证蜂群安全越冬。室外越冬的优点是蜂群越冬安全，节省饲料，蜜蜂体质健壮，早春复壮速度较快。缺点是容易遭受鼠害干扰，每年需要准备较多的包装材料，不合适弱群越冬等。在缺乏成熟经验的情况下应以少量蜂群进行试验，获得成功经验之后再全面实行。

（一）室外包装越冬法

1. 草帘包装　在冬季最低气温不超过－20℃的地方，蜂群室外越冬，可以利用预制的草帘以不同的厚度包装蜂箱。包装方法是：首先在背风向阳的室外越冬场地，用沙土或砖石修成一个略高于地面放置蜂箱的平台，在平台上铺以 10～15cm 厚的干草，然后把越冬蜂箱排列在干草上面，根据场地情况，每组放置 7～10 群蜂，蜂箱周围和上部用 3～6cm 厚的草帘进行包装，蜂箱前部除保留巢门部分外，其余全部包装，蜂箱之间的空隙要塞以碎草，蜂箱底部周围用土培到箱底以上，防止透风影响保温。

2. 严密包装　在寒冷地区，蜂群室外越冬可以采用细碎的保温物包装蜂箱。包装方法是：蜂群越冬之前，首先在选定的越冬场地上准备好高 66cm、宽 72cm 的"∩"形围墙，长度可根据蜂群的数量来决定，一般 5～7 群为一组。围墙可用木板、石头、砖块、土坯等建成，围墙的缺口向南或东南，墙内地面上铺 10～15cm 的包装物，然后搬入蜂箱，蜂箱巢门踏板和围墙外面并齐，每个蜂箱的巢门踏板上放一个用木板钉成的和巢门相同的"∩"形门洞（长 20cm，宽 3cm），接着在围墙的前部放一高为 50cm 的挡板，挡板下面要在每个蜂箱巢门前的门洞处留一个相应的缺口，正好卡入"∩"形门洞。添加包装物的厚度，蜂箱后面和上部为 10～12cm，前面是 8～10cm，各箱之间为 1～2cm。包装物添加完毕，在包装物的上面再覆盖一层 2cm 厚的湿土。在包装的同时要把蜂箱后面靠近蜂团的一角覆布叠起，并要对着此处在大盖后部的位置上放一个长 12cm、直径 6cm 的草把作为通气孔。包装宜在气温逐渐下降，地面已经结冻时进行，高寒山区在 11 月上中旬完成，一般地区在 11 月下旬完成。为了防止蜂群包装前受冻和包装后伤热，也可以根据气候变化分 2～3 次陆续包装，每次包装 1/2 或 1/3，第 1 次要提前 15 天左右进行，先包装蜂箱下部，最后包装上部。

（二）地下长廊越冬法

秋季选择地下水位较低的地方挖成长廊地槽，宽 210cm，长度根据放置蜂箱数量而定。放置 1 层蜂箱时，在长廊两侧各留高

60cm、65cm 的箱位容积，中间箱位地基再向下挖进宽 80cm、深 100cm 的通道。放 2 层蜂箱时，在长廊两侧各留高 110cm、65cm 的箱位容积，中间沿箱位地基再向下挖进 80cm、深 60cm 的通道。放置 3 层蜂箱时再适当扩大箱位容积。

挖建地下长廊，如果是长期使用可用砖石砌成墙壁，上部用预制件或其他防水建材封闭。在上盖中间，每隔 100cm 留 1 个直径 20cm 左右的进出气孔，进气管直接延伸到长廊底部，管端垫起 20cm。上盖要根据需要留出"活盖"，蜂群搬进搬出时打开活盖，平时活盖用土埋着。长廊一端设出入口，越冬期供人进入检查。出入口可以开设在房舍内，也可以 2～4 个长廊设一个出入口。

平时管理，通过出气孔放入的温度计测验廊内温度，扩大或缩小近出气孔调节廊内温度，必要时再进入长廊检查蜂群越冬情况。

第三节　越冬期蜂群管理

室内越冬的蜂群从入室开始，室外越冬的蜂群从包装开始，到翌年早春排泄为止，是蜂群的越冬期。在整个越冬期，蜂群结成冬团处于半蛰居状态，其管理方法与春、夏、秋季截然不同，冬季蜂群没有飞翔排泄的机会，不能任意开箱检查，只能依靠越冬前形成的群势、饲料及其他条件，附加以正常的箱外管理，促使蜂群安全越冬。应当指出，冬季管理只能在现有基础上保持蜂群有限的适应性，迫不得已时，仅能为蜂群改变一些局部条件，但冬季管理却改变不了已经形成的主要条件，因此，冬季管理的目的在于巩固安全越冬的条件。

一、室内越冬蜂群管理

（一）蜂群入室

1. 入室时间　当外界气温已经基本稳定，白天中午最高气温下降到 0℃ 以下，夜间最低气温下降到 −15℃ 以下时，选择一个较冷的天气将蜂群搬进越冬室，具体时间一般地方在 11 月上旬至 11 月下旬。弱群可提前入室，强群可晚些时间入室。

2. 蜂箱的搬运和排列　蜂群在室内越冬，蜂箱内不加保温物，蜂箱上口直接盖以纱盖，纱盖上面再盖以无蜂胶的覆布（在室外临时保温用的报纸应撤去），并在靠近蜂团的后部，将覆布折起 8～10cm 宽的一个角作为出气孔；无纱盖的蜂群要在巢脾的框梁上斜放几根木条垫起覆布，使蜂箱上部有一定的空隙，同时还要打开蜂箱大盖上的气门，增强上部空气对流。

搬运蜂箱要保持箱体平衡，轻搬轻放，力求巢脾在箱内不串动位置，不互相挤碰，蜂团不受振动，保持安静状态。搬入越冬室的蜂群要根据越冬室的规格排列成 2 行或 4 行，蜂箱放置架距离地面 40～50cm，强群放在下层，弱群放于中、上层。搬入室内的蜂群安置好之后，让蜂群略安静片刻，即可敞开巢门降低巢温。蜂群入室当天要大开进、出气孔通风降温，使室温降到 0℃ 以下，待蜂群安定以后再恢复正常的室温。

（二）冬季管理方法

越冬前期，要注意控制越冬室的温度，在室温比较稳定的情况下，3～5 天检查一次越冬室。经过 2 年越冬考验的越冬室，可以根据外界气温影响室温变化的规律控制室温，减少进越冬室惊动蜂群的次数；越冬后期，要经常检查越冬室，以便发现问题，排除一些不正常现象。

在越冬前期，一般不需要掏箱底死蜂，2 个月以后死蜂逐渐增多，要 20～30 天掏 1 次，掏死蜂时要与巢门检查相结合，动作要轻，防止触碰或惊动蜂团。

越冬蜂团需要在安静、黑暗的环境里生活，震动及亮光都能促使部分蜜蜂离开蜂团，飞出箱外。多次骚动的蜂群，食量剧增，不利于安全越冬。越冬室内要严防老鼠骚扰或危害越冬蜂群，如发现鼠害，要采用器械和药物相结合的方法迅速捕杀。

一般情况下，在室内不要开箱检查蜂群，主要依靠入室以前掌握到的蜂群基本状况（群势、脾数、饲料数量、蜜脾封盖程度等），加上从巢门听测和巢门检查中掌握到的情况，来判断蜂群的越冬情况，必要时再做开箱检查。

1. 听测蜂群　越冬期听测蜂群是一种了解蜂群越冬情况的方法，必须在蜂群未受震动时悄悄进行。

（1）室内听测　进入越冬室悄悄站立片刻，倾听蜂声。若蜜蜂发出均匀的嗡嗡声，好似微风吹动树叶的声音，说明室温正常；如果声音过大，时有蜜蜂飞出，可能是室温较高或室内干燥；如果蜂声不均匀，时高时低，则可能是室温较低。

（2）箱内听测　用一根橡皮管，一端插入巢门，一端伸入耳内，听测蜂声。若蜂声微弱均匀，用手指轻弹箱壁，听到蜜蜂"唰"的一声，很快又停止了，这是越冬蜂团正常现象；如果发出的声音经久不息，出现混乱的嗡嗡声，这是不正常的现象，应该进一步判断，查明原因，必要时个别开箱检查处理；若听到蜂团发出"呼呼"的声音，是热的现象，要扩大巢门或降低室温；听到蜂团发出微弱起伏的"唰唰"声音，是冷的现象，要缩小巢门或调高室温；若箱内蜂团不安静，时有"咔咔嚓嚓"等声音，可能是箱内有老鼠危害，应设法消灭掉。听测蜂团的声音要根据群势和结团位置来分析，强群声音较大，弱群声音则小；蜂团靠前部声音较大，靠后部声音则小。

2. 巢门检查　越冬期进行巢门检查能够准确掌握蜂群越冬情况，及时解决出现的问题。越冬前期可少检查，后期则应多检查。检查时要利用红色手电光线悄悄照射巢门和蜂团，要迅速而准确，防止震动。在检查当中，如果发现越冬蜂团疏散，蜂离脾活动或飞出，可能是巢温过高，蜂王早期产卵，或者饲料耗尽处于饥饿状态；若巢门前有蜂活动，并排出粪便，是下痢现象；蜂箱内有稀蜜流出是饲料蜜发酵变质；蜂箱内有水流出是箱内先热后冷，通风不良，水蒸气凝结成水，造成箱内潮湿；从蜂箱底掏出糖粒是越冬蜜已有结晶现象；死蜂体色正常，腹部较小，数量突然增多，蜂声微弱无力或已经无声音，可能是饥饿群，要马上解救；蜂尸被咬碎是受鼠害；正常结团的蜂群，蜂团已经移向箱后壁，说明巢脾前部的蜂蜜已经吃完，应注意防止发生饥饿现象。

（三）室内温度和湿度的控制

1. 温度调控　越冬室的温度要求均衡，一般控制在 0℃左右，最高不超过 5℃，最低不低于－4℃。强群室温可略低一些，弱群室温可略高一些，室内潮湿时温度可略高一些，室内干燥时温度可略低一些。室温的调整要靠扩大和缩小进出气孔来解决。

2. 湿度调控　蜂群在室内越冬所要求的相对湿度为 75%～85%，湿度过高，采取加强通风、在室地撒一些干锯末、干草木灰等吸潮物来解决；室内干燥，可采取在室地上洒水、缩小出气孔等措施来解决。

（四）越冬蜂群的室内检查

正常越冬的蜂群，开箱检查只能给蜂群越冬造成不利的影响，因此，不提倡越冬期进行室内蜂群检查。然而，在越冬饲料的质量和数量没有把握的情况下，为了避免出现更大的损失，应该在越冬后期进行一次室内蜂群局部检查。

检查时要保持蜂箱原来所放的层次，稳搬轻放，迅速进行。揭开箱盖之后，用手电筒照射蜂路，根据蜂团位置和封盖蜜的情况确定饲料的数量，必要时轻轻提起巢脾查看，发现问题，如有准备可及时解决，当时无条件解决可把有问题的蜂群暂放一侧，待全部查完之后，一起处理。

二、室外越冬蜂群管理

室外越冬严密包装的蜂群，冬季根据外界气温的变化调整巢门，为蜂群保持适宜的越冬温度。初包装以后，要大开巢门，随着外界气温的下降，逐渐缩小巢门以至全部关闭，随着天气回暖温度上升，逐渐扩大巢门。平时要根据天气冷暖变化及时调整巢门，防止伤热和受冻。

室外越冬，前期容易伤热，若包装过早或通风不良，蜂群受闷，冬团疏散，蜜蜂不断飞出，这样的蜂群，饲料消耗较快，容易饥饿下痢，以至严重衰弱。因此，对有"热象"的蜂群要及时撤去上部包装物，待降温后再酌情逐渐恢复。后期要注意前期伤热的蜂群和冬季不安静的蜂群，必要时拆开上部包装，开箱检查，缺蜜群补充蜜脾，撤出发酵蜜脾和多余空脾，处理好之后再重新包装继续越冬。

室外正常越冬的蜂群，蜂团紧而不散，不往外飞蜂，寒冷天气箱内有轻霜而不结冰。实践证明，伤热的后果比受冻的后果严重得多，因此要注重防热。

三、越冬不正常蜂群的补救方法

（一）补换饲料

越冬期给蜂群补换饲料是一项迫不得已的措施。由于补换饲料时需要活动巢脾，惊动蜂团，致使巢温升高，蜜蜂不仅过多取食蜂蜜而浪费饲料，而且也增多了腹部粪便的积存量，容易导致下痢。为此，要立足于越冬前的准备工作，为蜂群贮存足够的优质饲料，避免冬季补换饲料的麻烦。

1. 补换蜜脾 以越冬前贮备下的蜜脾，补换给越冬饲料发酵、结晶或缺乏的蜂群较为理想。如果这种贮备蜜脾是放在较冷的仓库里，应先移到 15℃ 以上的温室内暂放 24 小时，使蜜脾温度随着室温升高，然后再换入蜂群。换脾时要轻轻将多余的空脾移到靠近蜂团的隔板外侧让蜜蜂自己离脾返回蜂团，再将蜜脾放入隔板里靠近蜂团的位置。

2. 灌蜜脾补喂 如果没有储备的蜜脾，可以使用成熟的分离蜜加温溶化或者以 2 份白糖和 1 份水加温制成糖浆，冷却至 35℃～40℃ 时进行人工灌脾，要按着蜂团占据巢脾的面积浇灌成椭圆形的蜜脾，灌完蜜之后要将巢脾放入容器中，待脾上不往下滴蜜时再放入蜂巢中。采用这种方法，必须把巢内多余的空脾移到隔板外侧或撤出去，在蜂数密集的基础上，依据群势和缺蜜程度而确定补喂的蜜量，群强多喂，群弱少喂，一次不可喂得过多。

3. 补喂炼糖　把制好的炼糖装满炼糖饲喂器（形似木制框式饲喂器，略厚于巢脾。与饲喂器的不同点是其两面自上而下每隔2cm处留有一条1cm的横向空隙，作为蜂路），使炼糖在饲喂器里形成一体，露在空隙间的炼糖，要用浸蜡的软纸封盖，防止吸潮，靠近蜂团部位可不盖蜡纸，以便蜜蜂取食。蜂团沿着炼糖饲喂器两侧的蜂路，吃透炼糖之后，便深入饲喂器的蜂路里，随着炼糖的消耗而移动。另外，也可以将炼糖包在纱布或扎眼蜡纸中放在蜂团上部的框梁上进行饲喂。

冬季给蜂群补喂饲料期间，室内越冬的蜂群要暂时将室温提高到4℃左右；室外越冬的蜂群，应选择白天最高气温在2℃以上的天气进行，以利于蜂团疏散之后的重新结团。

（二）不正常蜂群的处理

1. 潮湿群　越冬期常常因为蜂箱通风不良以及越冬室湿度过大，蜂箱内湿气排不出去，逐渐在蜂箱内壁聚集成小水珠并流落到箱底，出现这样严重潮湿的蜂群，若不及时处理，必然因潮湿而导致蜂蜜发酵，蜜蜂早期下痢，妨碍安全越冬。

如果初见潮湿现象，除了加强室内通风降低湿度之外，还可以用草木灰撒于能够透气的覆布上边，或者将干草木灰装入小纱布袋里，放进蜂箱的隔板外侧，浸湿以后再换入干的，减轻蜂箱里的潮湿程度。如果蜂箱里的潮湿现象严重，可以进行换箱。方法是：将潮湿蜂箱搬入15℃的温室内，迅速换入已经准备好的比较干燥的空蜂箱里，同时将发酵、结晶蜜脾撤出，换入优质蜜脾，缺蜜的蜂群要补充蜜脾。换完箱之后，盖严箱盖，然后逐渐降低室温，待蜜蜂重新结团时再搬回越冬室。

2. 下痢群　巢门口有粪便，常有蜂爬出或飞出，蜂体颜色发暗，腹部膨大，严重时在巢脾上、隔板上、箱壁上和箱底都有下痢的粪便，箱内外死蜂较多。

若是在越冬前期大批蜂群普遍发生下痢，并且日渐严重，说明越冬饲料有问题，这时在室内采取任何补救措施都是徒劳无益的，应抓紧运到南方去排泄繁殖，使蜂群转危为安；若是在越冬后期发生下痢，可以采取换蜜脾、换蜂箱的措施减轻损失。同时，要提前选择较好天气或利用具有温暖背风的小气候场地，进行室外早排泄，使蜂群尽早脱离危险；若是部分蜂群下痢，可以在塑料大棚内进行排泄，方法是：先把蜂群搬入15℃左右的温室内放1~2小时，使巢温上升，然后再搬入22℃以上的塑料大棚内打开巢门放蜂出来飞翔，这时再进行换脾换箱，妥善处理。排泄完毕即关闭巢门逐渐降温，蜂群安静之后送回越冬室。

3. 饥饿群　由于饲料不足或者贻误了检查处理时机，造成蜜蜂饥饿散团，昏迷脱脾，有的落到箱底，有的钻入空巢房，最后只剩下很少垂危的蜜蜂围在蜂王附近。这种饥饿群在越冬室温0℃以上时脱脾2天以内，还有挽救的希望，如果超过2天或者蜂体冻透就不可能挽救复活了。

解救的方法是：把饥饿群搬入20℃以上的室内，打开蜂箱提出巢脾，使箱内的温度升高，逐渐接近室温。箱底的"死蜂"较多时将它取出一些放到温暖的地方（要先找到蜂王暖活喂蜜），然后以温暖的蜜水喷往蜂体上，注意不要喷得过多，以免蜂体湿度过大难于复活。当部分蜜蜂复活后，要把蜂王和放在箱外的蜂归回蜂箱，并换入微温的蜜脾。蜂群复活以后，要在室内放1天，逐渐降低室温，促使蜜蜂重新结团之后再送回越冬室。

练习题

1. 蜂群安全越冬要具备哪些条件？

2. 为什么蜂群在晚秋要适时断子？

3. 补喂越冬饲料要注意哪些事项？

4. 越冬室要具备哪些基本条件？

5. 蜂群室外越冬有什么特点？

6. 蜂群越冬易出现哪些不正常现象？如何处理不正常蜂群？

第八章 蜜蜂产品及其生产技术

养蜂的目的是生产蜂产品获取经济效益，包括蜂蜜、蜂王浆、蜂花粉、蜂胶、蜂蜡、蜂蛹虫和蜂毒等诸多品种。蜂产品生产是养蜂技术的重要组成部分，蜂产品广泛地应用于食品、医药、轻工和农牧业等各个领域。

第一节 蜂蜜及其生产

一、蜂蜜

（一）蜂蜜来源

蜂蜜是蜂产品中的大宗产品，是蜜蜂采集植物的花蜜、分泌物或蜜露，并混以自身唾腺的分泌物，经充分酿造而贮藏在蜂巢内的天然甜物质。蜂蜜是大自然赐予人类的珍贵食物，其主要来源于植物的花朵，是蜜蜂辛勤劳动的结晶。

1. 蜜蜂采集植物花蜜酿造而成的蜂蜜。通常所说的蜂蜜，主要是指以这种花蜜酿造成的，蜜味芳香、浓郁，质地优良，如椴树蜜、刺槐蜜、向日葵蜜和油菜蜜等。

2. 蜜蜂采集植物花外蜜露酿造而成的蜂蜜。主要有棉花蜜和橡胶树蜜，几乎无香味或香味很淡。

3. 蜜蜂采集昆虫分泌的甘露酿造而成的蜂蜜。当外界蜜源缺乏时，蜜蜂会采集甘露，并以这种甘露酿造成蜂蜜，又称甘露蜜。甘露蜜质地不如花蜜酿造的蜂蜜，化学成分比较复杂，无香味，颜色暗绿，黏稠，可供人食用，但不能作为蜜蜂饲料。

（二）蜂蜜分类

蜜蜂采自于不同蜜源植物的花蜜所酿造的蜂蜜，具有不同的花香气味、色泽、成分和食疗功效。为此，人们依据自然生态与市场需要，对蜂蜜进行分类生产、存放和销售。

1. 根据蜜蜂采集蜜源植物的种类可分为单花种蜂蜜和杂花蜂蜜。单花种蜂蜜是蜜蜂主要采集一种蜜源植物的花蜜所酿造的蜂蜜，并具有该种蜜源植物的花香气味等一些物理、化学和微观特性，按照蜜源植物名称来命名，在蜂蜜前加上植物或花的名称。如果蜜蜂采集两种或两种以上蜜源植物的花蜜所酿造的蜂蜜，称为杂花蜂蜜。杂花蜂蜜因来源于多种植物，所以在花香和色泽上有很大差别，通常味道浓厚、色深。

2. 根据蜂蜜的物理状态可分为液态蜂蜜和结晶蜂蜜。刚从巢脾中分离出来的蜂蜜呈黏稠透明或半透明的液体状态，对于这样状态的蜂蜜，习惯称为液态蜂蜜。当蜂蜜贮存一段时间后，尤其是在气温降低后，液态蜂蜜逐渐出现结晶颗粒，最后全部或大部变成了不能流动的结晶固体，对这样的蜂蜜，称为结晶蜂蜜。液态蜂蜜和结晶蜂蜜除物理状态不同外，没有任何性质、成分和功效的改变。

3. 根据蜂蜜酿造的成熟程度可分为成熟蜂蜜和未成熟蜂蜜。经蜜蜂充分酿造贮存在巢脾被工蜂封盖（或大部分封盖），浓度在 42 波美度以上的蜂蜜叫成熟蜂蜜；未经蜜蜂充分酿造，含水量较高的未封盖的蜂蜜叫未成熟蜂蜜。

4. 根据生产方式蜂蜜可分为分离蜜和巢蜜。用摇蜜机将蜂蜜从巢脾中分离出来，经过过滤就是分离蜜，这也是现在市场上常见的蜂蜜。巢蜜是带蜂巢的封盖蜜脾，不把蜂蜜取出来，连巢带蜜一起销售食用。

（三）蜂蜜成分

蜂蜜中含有生物体生长发育所需的多种营养物质，研究已证明含有 180 余种成分。

1. 糖类 糖类是蜂蜜的主要成分，占 70%～80%。其中以葡萄糖和果糖为主，占总糖分的 85%～95%；其次为蔗糖，一般不超过 5%。此外，还含有少量的麦芽糖、乳糖和松三糖等。

2. 水分 蜂蜜含水量的高低，标志着蜂蜜的成熟度。通常蜂蜜含 17%～24% 的自然水分，成熟的蜂蜜一般不超过 20%，平均为 18% 左右。

3. 其他物质 蜂蜜中有机酸约含 0.1%，无机酸含量极少。矿物质含量与蜜源植物和生长蜜源植物的土壤有关系，一般深色蜜比浅色蜜含有的矿物质多。维生素主要来源于蜂花粉，以 B 族维生素为最多。酶类主要为转化酶和淀粉酶，转化酶能够将花蜜中的蔗糖转化为葡萄糖和果糖，淀粉酶的含量是衡量蜂蜜成熟度、加热程度和贮存时间的质量指标。此外，蜂蜜中还含有少量蛋白质和氨基酸、芳香物质、乙酰胆碱、色素、胶体物质、抑菌素、蜡质和去甲肾上腺素等。

（四）蜂蜜应用

蜂蜜自古就被人们认为是一种优良的天然滋补营养食品和医疗保健药品。蜂蜜有补脾肾、润肺肠、安五脏、和百药、解毒、消炎和止痛等功效。经常食用蜂蜜可以增强脑力和体力，帮助消化，对老人、儿童以及营养不良等病人都很适用，对胃炎、气管炎、肝脏病、贫血、心脏病、便秘、神经衰弱、烫伤和溃疡等疾病都有很好的辅助治疗作用。此外，蜂蜜作为甜味剂和工业原料，广泛用以制作饮料、酒、蛋糕、中西药品和化妆品等。

二、蜂蜜生产

（一）组织采蜜群

在流蜜期，每一个蜂群都能够本能地去采蜜，然而，由于蜂群内部结构和发展阶段不同，有的蜂群发展强壮解除了繁重的哺育负担，有的蜂群较弱仍处在增殖阶段，这时需要人为地调整，将全场蜂群加强到采蜜群的标准，为蜂群创造蜂蜜生产条件。

采蜜群多数是在原群基础上发展起来的，也可以在流蜜期到来之前临时组织。采蜜群的群势要强大，在流蜜期前一般应不低于13框蜂、9张子脾，拥有16~18张巢脾；多箱体采蜜群应不低于18框蜂、13张子脾，拥有24~27张巢脾；蛹脾均应占子脾的60%以上，蜂群内哺育负担不过重，大部分工蜂在流蜜期能够投入采蜜和酿蜜工作。巢脾不足，要在流蜜期前修造新脾，以便及时扩大采蜜群的蜂巢。

（二）生产优质蜂蜜

为了保证蜂蜜质量，在流蜜期到来前45天就要停止饲喂和喷洒防治蜂病的抗生素及杀螨药物，防止蜂蜜受到污染。

1. 成熟蜂蜜　指封盖蜜，含水量20%以下。生产成熟蜂蜜要在强群基础上进行，强群采集力强，进蜜快，便于叠加继箱。进入流蜜期清框后，采蜜群的育虫箱上第1个贮蜜继箱贮蜜量达到8成时，即在育虫箱上加第2个贮蜜继箱，以此类推。取蜜时按成熟情况依次撤下箱体进行摇蜜。

2. 中低浓度蜂蜜　指未封盖蜜，含水量在20%以上。生产这种蜂蜜，可在采蜜群基础上，不增加过多贮蜜的箱体，让蜜贮存在继箱和巢箱的巢脾上，每2~4天摇1次蜜，要保证所要生产蜂蜜的浓度，最低的浓度不应低于39.5波美度。

3. 单一花种蜂蜜　单一花种蜂蜜具有色泽正、本源植物花香浓郁等特点。要抓准花期，在流蜜期开始时全场蜂群要清框，将巢内混杂的存蜜摇出去，以后的蜜就是单一花种蜂蜜，这时根据蜂蜜的成熟度按时取蜜，单独存放。

4. 杂花蜜　在同一个流蜜期里有多种蜜源植物同时开花，这时蜂群没有生产单一花种蜜的条件，只能生产杂花蜜。生产杂花蜜，虽然不像单一花种蜂蜜那样严格，但在质量上同样要达到成熟、纯净、无污染物，保持杂花蜜的特色。

（三）流蜜期摇蜜

1. 摇蜜前的准备　摇蜜应在室内或简易帐篷内进行。将摇蜜机固定在50cm高的架上，流蜜口处放置一个接蜜桶，接蜜桶的上口放一个双层纱的滤蜜漏斗。在摇蜜机附近安置一个简易割蜜盖台，将一个下口钉有纱网的继箱放在大口的贮蜜容器上，继箱上口平放两根巢框上梁，以便把蜜脾立在上面割蜜盖，被割掉的蜜盖落到继箱的纱网上，附在上面的蜜可以缓慢地漏进纱网下面的容器中。

2. 清洁取蜜机具　摇蜜机、割蜜刀等要及时洗刷，保持清洁。摇蜜室内或简易摇蜜棚内要清洁，无灰尘，所有参加摇蜜的蜜脾或空脾不要接触地面，防止沾染泥沙垃圾而污染蜂蜜。

3. 摇蜜操作过程　主要包括脱蜂、割蜜盖、摇蜜及过滤等。将应该摇的蜜脾分批脱蜂后用运框箱或蜂箱集中运到摇蜜机附近，用割蜜刀割去蜡盖，放入摇蜜机内分离蜂蜜。摇出的蜂蜜通过纱网滤出其中的蜡渣、死蜂等杂质。

4. 包装　蜂蜜是弱酸性产品，要采用非金属容器如缸、塑料桶等来盛装，并在容器外注明蜂蜜品种、产地、日期、浓度、皮重及毛重等。

5. 临时贮存　在蜂场上临时贮存装满蜂蜜的容器，要防雨、防晒，避免浸入雨水和高温暴晒而造成蜂蜜发酵、膨胀爆裂。拧紧容器盖，防止蚂蚁等虫类进入贮蜜容器。

第二节　蜂王浆及其生产

一、蜂王浆

（一）蜂王浆来源

蜂王浆不是蜂王的产物，只因蜂王终生以此为食物，因此称之为蜂王浆。实质上蜂王浆是青年工蜂咽下腺和上颚腺分泌的物质。咽下腺又称王浆腺，位于工蜂头部，是由两串非常发达的葡萄状腺体所组成，管道分别通于工蜂口片的两侧，其主要功能就是分泌王浆；上颚腺是位于上颚基部的一对囊状腺体，开口于上颚内侧，能分泌软化蜡纸的液体及生物激素等，参与王浆的组成。工蜂食用从植物花朵中采集到的花蜜和花粉,在得到自身的营养需要同时,又把部分营养转化成为高浓度的营养物——蜂王浆,用于饲喂蜂王、蜂王的幼虫,以及雄蜂和工蜂3日龄以内的幼虫。蜂王浆对蜂群繁殖以及蜜蜂个体品级分化具有一种独特的作用。

（二）蜂王浆特性

蜂王浆是一种微黏稠乳浆状物质,为半流体,多呈乳白色或淡黄色,有光泽感,口尝具有明显的酸、涩、辛辣味,回味略甜。蜂王浆呈酸性,比重略大于水,但低于蜂蜜。蜂王浆不溶于氯仿;部分溶解于水,在水中形成悬浊液;在乙醇中部分溶解,产生白色沉淀,放置后分层;在浓盐酸或浓氢氧化钠中全部溶解。蜂王浆性质娇嫩,对热、光、氧、金属和微生物等特别敏感,长时间置于这些条件下,蜂王浆很容易遭受到破坏,导致生物活性降低,甚至丧失。

（三）蜂王浆成分

蜂王浆是一种活性成分极为复杂的生物产品,各类营养成分,随着蜂种、日龄、产地、蜜粉源植物和采收时间的不同,存在一定的差异。

1. 蛋白质和氨基酸 蜂王浆中有12种以上高活性蛋白类物质,占蜂王浆干物质的$40\%\sim50\%$。目前已经测出蜂王浆中至少有18种氨基酸,约占蜂王浆干物质的0.8%,相当于鲜蜂王浆的0.28%。

2. 糖和脂类 蜂王浆干物质中含$20\%\sim39\%$的糖类,其中果糖约占总糖量的52%,葡萄糖占45%,麦芽糖、蔗糖和龙胆二糖各占1%。脂类主要有磷脂、糖脂、甘油酯、苯酚和蜡脂等,占蜂王浆干物质的$2\%\sim3\%$。

3. 有机酸和维生素 蜂王浆所含有机酸主要是脂肪酸,其中10－羟基－2－癸烯酸,在自然界只有蜂王浆中才存在,含量在1.4%以上,是检验蜂王浆的主要指标。以B族维生素为最多,其次还有维生素 A、维生素 D、维生素 E 等，维生素 C 含量极少。

4. 其他物质　蜂王浆干物质中含有 0.9%～3% 的矿物质，乙酰胆碱含量是蜂蜜中含量的 100 倍。此外，蜂王浆中还含有多种酶类、17－酮固醇、17－羟固醇、去甲肾上腺素、肾上腺素、磷酸化合物和黄酮类化合物等。

（四）蜂王浆应用

蜂王浆是一种全天然、人工不能仿造的营养保健品和药品。常服可以调节消化系统、神经系统以及其他系统的平衡；能够促进消化、增进食欲、改善睡眠、调整内分泌和代谢；能够促进造血功能、增强组织再生、降低血脂和血糖、预防动脉硬化；能够提高机体免疫功能、预防感冒、保护肝脏、抗辐射、延缓衰老。对神经衰弱、失眠、肝病、心血管病、肠胃病、男女内分泌失调和营养不良等症有显著的治疗效果；对延缓衰老、老年性疾病的预防和康复有明显的作用。因此，在食品、医药和化妆品行业，蜂王浆作为原料被广泛应用。

二、蜂王浆生产

（一）生产蜂王浆的基本条件

1. 气候条件　气候正常，已经进入气温较为稳定的时期，无连续寒潮，蜂群已解除了保温包装物。

2. 蜜粉源条件　外界蜜粉源丰富，特别是粉源充足，处于辅助蜜源时期或主要蜜源时期，在半个月以内蜜粉源不会短缺。

3. 蜂群条件　蜂群已经进入增殖期，群势增长速度加快，幼蜂积累渐多，哺育力趋于剩余状态，但未发生严重的分蜂热。

（二）生产蜂王浆的工具

生产蜂王浆所需工具主要包括采浆框、台基、移虫针、取浆笔、刀片、镊子、王浆瓶以及消毒用乙醇、药棉、封口用胶布、覆盖采浆框的毛巾和纱布等。

（三）生产蜂王浆的蜂群利用

1. 加隔王板生产蜂王浆　继箱群加平面隔王板，卧式箱或标准平箱群加框式隔王板，将蜂巢隔成两区，根据群势情况，有王区布置老蛹脾、卵虫脾、空脾；无王区放新蛹脾、蜜粉脾、大幼虫脾，采浆框放在虫、蛹脾之间。

2. 双王群生产蜂王浆　双王群有充足的后备哺育力，生产王浆潜力较大。利用巢箱放置双王，继巢箱之间加平面隔王板，继箱放虫蛹脾、蜜粉脾和采浆框，每4～5天调整一次，使采浆框两侧始终保持着虫蛹脾。

3. 无王群始工，有王群完成生产蜂王浆　使用该方法可以保证繁殖、产蜜、产浆三不误。始工群即为原双王群撤走1只蜂王，留下相应的蜂、蛹变成无王区，利用其接受率高的特点，第1天始工群下框，第2天将始工群的采浆框移入完成群，采浆框在无王群放20～24小时，在完成群放48小时。始工群每4～6天调整一次子脾，保持蜂多于脾，在子脾中蛹脾占70％、虫脾占30％，积蓄足够的哺育力。

（四）蜂王浆的生产

1. 制备采浆框　将制成的台基用热蜂蜡粘到台基板上，或将塑料台基条固定在采浆框的台基板上。

2. 清理台基　在移虫之前将采浆框送到造台情绪较高的蜂群中，蜡质台基清理30～60分钟，塑料台基要提前1～2天加到蜂群中清理。

3. 移虫　移虫像育王移虫一样，但由于生产王浆移虫用虫量较大，要提前准备好适龄幼虫脾，移用刚孵化10～20小时的幼虫，每张幼虫脾使用时间不超过1小时，移虫后尽快将采浆框送入蜂群中。在有条件的情况下，移虫后3～4小时对未接受的台基补移一次幼虫，提高台基里的幼虫接受率。

4. 取浆　一般移虫后65～70小时取浆，盛期可略提前些。提出采浆框用蜂刷轻轻扫净余蜂，然后将采浆框放入运框箱中，在清洁的室内或帐篷内取浆。取浆时，首先用刀片割去台基加高部分，用镊子夹出幼虫，然后依次用取浆笔或刮浆片刮取王浆。

5. 修补台基　取浆后对于未接受的台基要进行重新修补，用刮刀将未接受台基的口部蜡质刮净，用取浆笔从已接受的台基内沾少许残留王浆涂于台基底部，即可与其他台基同样使用。

6. 下一轮移虫　取完浆的采浆框经过修复马上进行移虫，转向下一轮王浆生产。

（五）蜂王浆的保鲜

蜂王浆在生产采收过程中常常选择以下一些方法，创造良好的保存条件，达到短期保持蜂王浆的新鲜度的目的。但这只是蜂场临时保鲜所采取的应急措施，时间不能过久，必须在 3～4 天内转到冷库中冷冻保存。

1. 地坑保鲜　在蜂场住地的帐篷内或阴凉处，挖 1 个 1m 左右深的坑，将装满蜂王浆的塑料瓶或塑料桶，密封后装入塑料袋放入坑内，坑口用木板盖好，再覆盖上土。

2. 水井保鲜　将蜂王浆装进容器密封后，放入水桶内，用绳系牢水桶吊在井中水面上，注意不要让井水浸入到桶内。

3. 冷水保鲜　将装有蜂王浆的容器封好，放入冷水盆或水桶内，使瓶口高于水面，上面盖上湿毛巾，每 3 小时换水 1 次。

4. 蜂蜜保鲜　将装蜂王浆的容器封严，套上塑料袋，扎紧袋口，浸入到盛满蜂蜜的蜜桶中。

第三节　蜂花粉及其生产

一、蜂花粉

（一）蜂花粉来源

花粉呈小粒状，亦称花粉粒，是被子植物雄性生殖器官—雄蕊产生的雄性配子体，蜜蜂从植物雄蕊花药上采集花粉粒，经过蜜蜂加工而成的团状物即是蜂花粉。蜜蜂采集花粉是为了自身的生存和繁殖，蜂花粉是蜂粮的原料，是蜜蜂饲料中蛋白质和维生素的来源。蜂花粉中除含有一般花粉外，还含有蜜蜂在采集过程中加进去的少量花蜜和唾液。因此，蜂花粉与一般花粉的成分略有差异。

（二）蜂花粉分类

蜜蜂采集的花粉五颜六色，代表着许多种蜜粉源植物，每天蜜蜂采来的花粉品种不断变换，为此，生产花粉要增加人为分类措施。

1. 单一品种花粉　在生产花粉时，要根据蜂群采集花粉的专一性和粉源盛衰程度，及时分类收集单一品种花粉，单独晾晒、干燥和贮存、包装，纯度达到85％以上就可以作为单一品种花粉。单一品种花粉具有特殊的食用、药用价值，价位较高，如茶花粉、蒲公英花粉、山猕猴桃花粉、柳树花粉、油菜花粉和荞麦花粉等。

2. 杂花粉　在生产单一品种花粉时，选下来的多品种混合在一起的花粉，综合在一起称杂花粉。杂花粉因产地不同，其品种结构、营养成分、用途功能各有所不同，如东北山花粉、长白山春花粉和草原百花粉等。

（三）蜂花粉成分

1. 蛋白质和氨基酸　蜂花粉中蛋白质的含量一般在7％～30％，平均为20％左右。蜂花粉是氨基酸的浓缩物，几乎含有人类迄今发现的所有氨基酸，一般含量为13％左右。

2. 糖类和脂类　蜂花粉中糖类占25％～48％，主要是葡萄糖和果糖，还含有一些蔗糖、麦芽糖、纤维素、淀粉和糊精等。脂类物质占1％～20％，主要有磷脂、糖脂、固醇和脂肪酸等。不饱和脂肪酸含量占脂类总量的60％～91％。

3. 维生素和矿物质　蜂花粉中含有丰富的维生素，且含量高，种类全，是一种天然维生素的浓缩物。蜂花粉中含有30多种矿物元素，包括人体所必需的14种微量元素和常量元素，含量1％～7％。

4. 其他物质　蜂花粉中含有90多种酶，黄酮类化合物的含量为 0.12%～9%，核酸的含量一般为 2% 左右。此外，还含有微量激素、生长素、芸薹素、植酸、乙烯、赤霉素和多种有机酸等。

（四）蜂花粉应用

早在 2000 多年前，《神农本草经》中就有花粉利用的记载，直至今日花粉依然以其独特和神奇的功效受到人们的青睐，在食品、医药和化妆品行业上得以广泛应用。蜂花粉能增加食欲，促进消化系统对食物的消化和吸收，增强消化系统的功能；调节神经系统，促进大脑细胞的发育和智力发育；增强毛细血管强度、弹性，软化血管，降低胆固醇和三酰甘油等含量；促进内分泌腺体的发育，提高内分泌腺的分泌功能；促进造血、抗辐射、抗缺氧、抗衰老、提高机体免疫功能；改善皮肤细胞的营养状态，促进皮肤细胞新陈代谢，延缓细胞老化。

二、蜂花粉生产

（一）生产蜂花粉的时间

当蜂群进入增殖期，蜂王产卵旺盛，工蜂积极哺育蜂儿，巢内需要花粉量较大，外勤蜂采粉积极性高，巢内贮粉较多，气候正常粉源良好，蜂数达到 5 框以上的蜂群就可以生产花粉。多数花期的前期花粉多，后期花粉少，生产花粉宜抢"花头"，不赶"花尾"。

（二）生产蜂花粉的蜂群

生产蜂花粉的蜂群不像生产蜂蜜或蜂王浆那样要求越强越好，处在增殖期的中等蜂群生产花粉效率高。生产花粉的蜂群，脱粉时间要根据花期进粉情况和天气状况适当间断，保证群内贮粉充足，不影响繁殖，同时还要注意调整扩大被花粉压缩的子脾，保持繁殖效率。在一个花期内蜂蜜、蜂王浆和花粉同时生产，这种情况下要尽可能错开，一般前期生产花粉，后期生产蜂蜜，或者在一天中进粉集中时生产一段时间花粉，然后再生产蜂蜜。

（三）脱粉器的利用

脱粉器是生产花粉必备的工具，有多种样式，使用原理是相同的，利用片上密布 2～5 排孔径为 4.9～5.1mm 的脱粉孔，在巢门口拦截外勤蜂采集回来的花粉团。脱粉孔数量以及孔径的大小直接影响脱粉效率，一般脱粉率为 40%～50%，适合繁殖、采粉同步进行。脱粉器对着巢门安装好后，要不断检查调整，保证有效脱粉，并随时收集脱落下来的花粉，按照分类集中进行干燥或保鲜处理。

（四）蜂花粉的干燥

蜜蜂刚采集回来的新鲜蜂花粉含水量很高，为 15%～20%，有的甚至高达 30%～40%。含水量高的蜂花粉在常温下很容易发霉变质，不利于贮藏和运输，因此，采收后的蜂花粉必须及时干燥处理，使其含水量降到 8% 以下，才可以收藏待售。

1. 日光晒干　将采收到的新鲜蜂花粉均匀地摊在干净的木板、竹席、厚纸或布上，离地面 80～100cm，花粉厚度约 2cm，罩上防蝇、防蜂等纱网，在纱网上覆盖纱布或白布，然后放在阳光充足的地方通风照晒。日晒过程中应勤翻动，翻动时动作要轻缓，避免蜂花粉团粒破碎。有条件的蜂场，可在离蜂花粉的摊晒面上 1m 高处搭架，再覆盖上白布或纱布，这样做既可以通风，又可以减少阳光的直接照射。晾晒地点应远离公路、铁路和有扬尘的地方。

2. 土炕干燥　北方农村睡土炕，把白布或厚纸铺在炕上，然后将采收下来的新鲜蜂花粉铺上一层，厚度 1～2cm，蜂花粉上再盖上一块纱布，防止落蝇尘污染，再用燃料把炕烧热，炕温控制在 30℃～40℃，随时翻动，防止与炕面接触最近的蜂花粉被烘焦。

3. 蜂群干燥　利用强群本身的温度和蜜蜂的煽风来干燥新鲜蜂花粉，即在强群的纱盖上，要用无蜂胶、赘蜡的新纱盖上，铺上一层与纱盖大小一样的清洁纱布，然后在纱布上放新鲜蜂花粉，厚度约 0.5cm 左右，盖上蜂箱大盖，大盖上的通气孔要打开，便于湿气排出。

4. 小棚干燥　在干爽的平地上利用大棚膜建造面积为 5～10m² 的小型塑料棚，小棚的中心高度以不影响人直立行走为度，棚顶开一个小天窗。将采收下来的新鲜蜂花粉铺在厚纸上，放入小棚内烘干，及时翻动。这种小棚晾晒蜂花粉的好处是不怕风，能减少泥沙污染，不会被阵风掀翻，也不会被雨淋湿。在多云天气，小棚的棚温仍可达到 30℃ 以上。此法不仅适用于定地养蜂的蜂场，也适用于转地放蜂的蜂场，成本造价低，烘干速度快，效率高，非常实用。

5. 远红外干燥　这是一种便携式蜂花粉远红外干燥箱，体积小、耗电低、热效率高。使用时，将温度调控好，把蜂花粉放入干燥箱内，干燥 6～10 个小时，就能将蜂花粉含水量降到 5% 以下。采用这种方法干燥处理蜂花粉，不仅有干燥蜂花粉的作用，操作简单，无危险，连续作业提高干燥效率，而且还具有一定的杀菌作用。

第四节　蜂胶及其生产

一、蜂胶

(一) 蜂胶来源

蜂胶是采集工蜂从树木等植物新生枝芽或树皮上采集的树脂，并混入蜜蜂上颚腺分泌物和蜂蜡等加工形成，具有芳香黏性的固体胶状物质。蜜蜂利用采集加工的蜂胶保护蜂群，填补蜂箱的裂缝孔洞，缩小蜂箱巢门，加固巢脾，封闭被蜇死拖不走的入侵者尸体，涂刷磨光巢房内壁，保存蜂粮以及抵抗病虫害等。蜂场周围的胶源植物所分泌的树脂类物质是蜂胶的主要来源，尤其是阔叶乔木和针叶树，如桦树、杨树、柳树、栗树、松树和柏树等。

（二）蜂胶分类

蜜蜂采集蜂胶量很少，采集胶源植物种类多，采集利用蜂胶周期较长，因此，被蜜蜂调制的蜂胶多是混合胶，很难用一种比较科学的方法来对蜂胶进行分类。目前，蜂胶的分类一般常以胶源植物来源分类，事实上蜜蜂在采集过程中常以一种胶源植物为主，同时也采其他种类的胶源植物，在蜂群中根本分不清到底是哪种胶源植物的蜂胶。所以，只能以主要胶源植物来命名，如桦树型蜂胶、松树型蜂胶、杨树型蜂胶、桉树型蜂胶、香树型蜂胶和混合型蜂胶等。蜂胶因胶源植物不同在色泽上存在很大的差异，所以还常按颜色分类为棕褐色、棕黄色、棕红色或青绿色、灰黑色等。

（三）蜂胶成分

一般从蜂箱里收集的新鲜蜂胶，含有约55％的树脂和树香复合物、约30％的蜂蜡、约10％的芳香挥发油和约5％的花粉。

1. 黄酮类　蜂胶中主要物质成分，不低于 46 种，其中黄酮类主要有白杨素、刺槐素、蜜橘黄素、芹菜素和杨芽黄素等；黄酮醇类主要有良姜素、鼠李素、岳桦素、槲皮素及其衍生物等；双氢黄酮类主要有乔松素、球松素、樱花素和柚皮素等；双氢黄酮醇主要有短叶松素及其衍生物。

2. 萜烯类　主要含有 α －蒎烯、β －蒎烯、异长叶烯、石竹烯、葎草烯、α －雪松烯、β －愈创木烯、杜松烯、鲨烯和 γ －依兰油烯等。

3. 其他物质　包括 30 多种酸类、30 多种酯类、10 多种醇类、20 多种醛、酮、酚、醚以及甾类化合物等。蜂胶中含有 10 多种常量元素、30 多种微量元素、微量氨基酸、酶类以及多种维生素。蜂胶中还鉴定出 D－果糖、D－葡萄糖、蔗糖等 7 种糖。

（四）蜂胶应用

蜂胶作为可用于保健食品的天然原料，被广泛应用于医药临床治疗、食疗保健以及日用品，并以多种制品形式出现，品种繁多。蜂胶具有广谱的抗菌、消炎、止痛、止痒和局部麻醉作用，对 A 型流感病毒、单纯性疱疹病毒等也有强力抑制和杀灭作用；蜂胶能够净化血液，降低毛细血管渗透性，软化血管，防止血管硬化，并有降血脂、血糖、血压、胆固醇和抗疲劳、抗氧化、抗肿瘤、保肝等药理作用；蜂胶还有促进组织再生及促进坏死组织脱落作用，加快创伤口愈合。

二、蜂胶生产

（一）采胶蜂种的利用

蜂种的利用是蜂胶生产的关键技术，蜜蜂的采胶性能在蜂种间差异很大，一般黑色蜜蜂品种比黄色蜜蜂品种采胶量高，如高加索蜂、安纳托利亚蜂等都是高产蜂胶的黑色蜜蜂品种，但黑蜂中也有采胶量低的品种。黄蜂中也有喜采胶的品种，如澳意、美意等。为此，生产蜂胶不仅要在兼顾生产蜂蜜、王浆等其他产品的基础上引进高产蜂胶蜂种，而且也要利用自己饲养的蜂群，选择利用蜂胶高产蜂种，再辅以其他生产蜂胶的方法，获得蜂胶高产。

（二）生产蜂胶的方法

1. 覆盖物生产蜂胶　针对蜂群用蜂胶堵塞蜂箱孔洞和缝隙，以及在覆布下贮存蜂胶的习性，在生产季节，于覆布下面加一层无毒塑料纱或粗布，塑料纱与蜂巢之间横放 2～3 根细木条，蜜蜂为使蜂巢严密，便会把采来的蜂胶粘贴在塑料纱上，过一段时间，逐箱取下带蜂胶的塑料纱或粗布，在温度较低的早晨（或放入冰箱低温贮存一会儿）用木棍敲打或用手揉搓，蜂胶脱落，剔除杂质，揉成团，装入塑料袋内密封保存。

2. 集胶器生产蜂胶　为增加蜂胶产量和提高蜂胶质量，人们研究出巢门集胶器、巢框集胶器和格栅集胶器等生产蜂胶。简易办法还可采用细木条将继箱垫起，使继箱与巢箱之间形成小缝隙，促使蜜蜂用蜂胶堵塞，成为集胶点，增加产胶量。

3. 综合性生产蜂胶　在蜜蜂采胶季节，巢箱和继箱的上口、继箱的下口、蜂箱的前后框耳槽、蜂箱缝隙、蜂箱上部的覆布和纱盖、巢框上梁、巢框框耳等处都是蜜蜂贮存蜂胶的地方，要经常用不锈钢起刮刀刮下蜂胶，将零散的蜂胶集中到一起，剔除杂质，装入塑料袋内贮存。

（三）蜂胶的贮存

蜂胶常温下是固体胶状物质，虽然成分复杂，但性质相对较稳定。因此，蜂胶在常温下即能贮存。在特定条件下，如过度暴露在阳光下或遇热时会使部分挥发油散失，称为"走油"，所以蜂胶还是要密封、低温、避光存放为好。

第五节　蜂蜡及其生产

一、蜂蜡

（一）蜂蜡来源

蜂蜡，又称黄蜡、蜜蜡。蜂蜡是由蜂群内适龄工蜂腹部的 4 对蜡腺分泌出来的一种脂肪性物质。在蜂群中，工蜂用分泌出来的蜡来修筑巢脾、子房封盖和饲料房封盖。巢脾是供蜜蜂贮存食物、培育蜂儿和栖息结团的地方，因此，蜂蜡既是蜂群的产品，又是其修造巢脾等不可或缺的材料。

蜂蜡是由蜜蜂分泌出来的，但蜂蜡的采集生产则是由养蜂者来完成的。养蜂者通过加强蜂群的饲养管理，促进蜜蜂多泌蜡、多筑脾，然后将使用多年的老巢脾、筑造的赘脾、割掉蜂房的蜡盖、台基以及摇蜜时的蜜盖等收集起来，经过人工提取，除去茧衣、蜂尸等杂质而获得。

（二）蜂蜡分类

1. 按蜂种分类　蜂蜡分为中蜂蜡和西蜂蜡。一般来说，意大利蜂分泌蜂蜡产量高于其他西方蜂种和中蜂，而中蜂分泌的蜂蜡质量明显好于多数西蜂分泌的蜂蜡。市场上的蜂蜡主要是西蜂蜡，中蜂蜡很少。

2. 按生产方式分类　蜂蜡分为蜜盖蜡和巢脾蜡。蜜盖蜡是质量最好的蜂蜡，是利用取蜜割下来的蜜盖及巢脾加厚部分、割雄蜂房时的房盖、赘脾、蜡瘤、王台壳等熔化提炼所得到的蜂蜡，蜡质纯，色泽浅黄、鲜黄等。巢脾蜡是淘汰下来的旧巢脾熔化提炼所得到的蜂蜡，蜡中含有矿蜡，色泽有棕黄、灰黄和黄褐色等，质量比蜜盖蜡差。

3. 按颜色分类　蜂蜡可分为黄色蜂蜡和漂白蜂蜡。蜜蜂分泌的蜂蜡本应是白色的，因蜜蜂采集花粉不同，脂溶性类胡萝卜素或其他色素导致蜂蜡呈黄色。漂白蜂蜡是根据需要用化学法漂白而成，其内在质量与黄色蜂蜡基本相同。

（三）蜂蜡成分

蜂蜡是一种复杂的有机化合物。其主要成分高级脂肪酸和一元醇所合成的脂占蜂蜡的 $70\% \sim 75\%$，脂肪酸占蜂蜡的 $19\% \sim 26\%$，碳氢化合物占蜂蜡的 $10\% \sim 16\%$，不饱和烃（主要为 30 烷烃）占 2.5%。此外，蜂蜡中还含有 30 烷醇、脂肪酸胆固醇酯、着色剂、W—肉豆蔻内脂及少量水、矿物质和芳香物质。

（四）蜂蜡应用

人类应用蜂蜡的历史悠久，早在西汉时期就利用蜂蜡制作蜡烛、蜡玺、蜡版、蜡丸书和蜡染布等。现代，随着科技的发展，更进一步拓宽了蜂蜡的应用范围。蜂蜡在电子、光学仪器、机械、医药、食品、轻工、化工、纺织、农林、乐器以及工艺品等方面都有应用。如广泛用于中药丸包衣、药膏、赋形剂；食品包装外衣、化妆品基质；用做润滑剂、绝缘蜡布、地板蜡、蜡像；提取三十烷醇，作为农作物生长剂等。

二、蜂蜡生产

（一）蜂蜡增产的方法

1. 多造新脾更换旧脾　在繁殖季节，随着蜂数的增多，蜂群需要扩大蜂巢，巢内饲料充足，外界蜜源较好时，工蜂就会积极泌蜡筑巢。不失时机地给蜂群加巢础框供蜜蜂造新脾，多造 1 张新脾等于生产 60g 蜂蜡，换下旧脾化蜡是增产蜂蜡的主要途径。

2. 综合积累蜂蜡原料　在日常蜂群管理中，随时收集赘脾、蜡瘤、蜡屑和检查蜂群割下的雄蜂房盖、采浆时割下的王台沿、取蜜时割下的蜜盖等。在繁殖季节，将巢脾高于正常巢房部分削下或将旧巢脾的巢房削掉 2/3 更新巢脾，既促进蜂王产卵又增产蜂蜡。

3. 加宽蜂路和放置采蜡框　在巢脾充足不造新脾的情况下，可以加宽蜜脾的蜂路，促使蜂群加高贮蜜的巢房，取蜜时将加高部分和蜜盖一起割下，增加蜡原料。也可以给蜂群增加采蜡框，即将空巢框或采浆框下在蜂群内，流蜜期每群可下 2～3 框，采蜡框上造满自然脾时，提出巢外收取蜡原料，再下入蜂群继续采蜡。

（二）蜂蜡去杂

蜂蜡去杂的目的，就是将巢脾蜡、蜜盖蜡和赘脾等蜂蜡原料中的杂质清除出去，得到纯净的蜂蜡，便于保存和应用。

1. 日光晒蜡去杂　将蜂蜡原料放入日光晒蜡器内的纱网上，盖上玻璃，放在阳光下靠强烈的日光照射使蜂蜡熔化。熔化了的蜡液经过纱网滴入到承蜡浅盘，蜡液顺着浅盘上的出口再流淌到承蜡槽内，最后冷凝成蜡坨。这种方法利用自然能源，成本低，随时可以处理蜡盖、旧巢脾、蜡渣等，还可以熔化隔王板、纱盖上的积蜡，既提高了蜂蜡的产量，又对这些用具进行了日光消毒。

2. 熬煮挤压去杂　这是蜂场上最常使用的一种方法，将平时收集的蜜盖、赘脾等零星蜂蜡放在锅里，加入 3～4 倍的清水进行熬煮，等到锅里的蜂蜡全部熔化后，将蜡液舀入大口容器里，用铁纱网过滤，静置沉淀杂质，纯净蜡液漂浮水面，等蜡液完全冷却凝固后，将蜡坨倒出，黏附在蜡坨底部的杂质用起刮刀刮去即成。

（三）蜂蜡贮存

蜂蜡可以在常温下存放。存放蜂蜡的地方要清洁、通风、干燥、无虫害和鼠害。要远离火、电等，尽量避免与铁、铜、锌等金属接触，不要与挥发性的化学品一起存放以免造成污染。

第六节　蜂蛹虫及其生产

一、蜂蛹虫

蜜蜂是全变态昆虫，其蜂王、雄蜂和工蜂的个体发育都是经过卵、幼虫、蛹和成虫4个阶段，4个发育阶段在形态上完全不相同，各有其特点。蜂蛹虫指的就是蛹期和幼虫期2个阶段蜜蜂发育的营养体。

（一）蜂蛹

1. 蜂蛹来源　蜂蛹在变态发育期已具蜜蜂形态，长出了口器、眼、触角、足、翅膀，内部消化和生殖器官等也趋于发育完成。目前国内外商品蜂蛹是体格大的雄蜂蛹。雄蜂的存在是群体需要来决定的，蜂群在繁殖季节大量培育雄蜂，而在非繁殖季节很少培育。在繁殖季节由于雄蜂太多，每天要吃掉许多的蜂蜜和花粉，所以养蜂者除只保留少数雄蜂用以交配外，其余的在蛹期杀灭，这样就获得了雄蜂蛹。

2. 蜂蛹成分　雄蜂蛹一般含水分42.7%、蛋白质20.3%、脂肪7.5%、碳水化合物19.5%、微量元素0.5%、灰分9.5%。雄蜂蛹中还有17种以上的氨基酸和多种维生素，并且维生素A的含量超过牛肉和鸡蛋，仅次于鱼肝油，维生素D的含量超过鱼肝油的10倍以上。此外，雄蜂蛹还含有激素、酶等多种生物活性物质。

（二）蜂幼虫

1. 蜂幼虫来源　蜜蜂幼虫又称蜂子、蜂胎，是蜜蜂的卵从孵化到幼虫封盖成蛹之前的这一阶段的营养体。一般所说的蜜蜂幼虫，多指蜂王幼虫。目前还没有专门组织生产工蜂幼虫和雄蜂幼虫，仅仅是利用了极少的生产蜂王浆的副产品—蜂王幼虫。

2. 蜂幼虫成分　新鲜的蜂王幼虫所含成分与蜂王浆相近,平均含水量 77%、蛋白质 15.4%、脂肪 3.17%、碳水化合物 0.14%、矿物质 3.02%。此外,蜜蜂幼虫中含有 16 种以上氨基酸,尤以赖氨酸、谷氨酸含量最高。蜜蜂幼虫中维生素 A 和维生素 D 的含量十分丰富,每克鲜幼虫体含维生素 A89～119 国际单位、维生素 D 6130～7430 国际单位,超过鱼肝油、蛋黄和牛奶的含量。蜜蜂幼虫还含有酶、激素等多种生物活性物质。

二、蜂蛹虫生产

(一) 雄蜂蛹的生产方法

生产雄蜂蛹要在气温稳定以后,外界蜜粉源丰富,蜂巢内有充足的蜜粉饲料,蜂群经过春繁期群势迅速增长达到 8 框蜂以上,蜂王已开始产雄蜂卵,可以着手雄蜂蛹的生产。

1. 准备专用雄蜂脾　生产雄蜂蛹要有专用的雄蜂脾,全脾为雄蜂房,脾上无工蜂房。要在适合造脾的季节,将雄蜂巢础框放入较强的蜂群中,一次性造成雄蜂脾。

2. 控制蜂王产雄蜂卵　在巢箱或继箱内用隔王板隔出一个能放 2～3 张脾的小区 (亦可以利用控产器),小区内放 2 张新蛹脾,两脾之间放雄蜂脾,蜂巢布置好后,将蜂王放到小区内产雄蜂卵,待雄蜂脾产卵完成时,将雄蜂卵虫脾移到无王育虫区哺育。小区根据需要,可以继续控产第 2 张和第 3 张雄蜂脾,也可以将蜂王放回大区恢复产工蜂卵。

3. 采收工具消毒　采收雄蜂蛹之前,要清洗所有的工具及包装物,并用 75% 的乙醇消毒,保持清洁卫生基础条件。

4. 采收方法　采收日龄根据生产目的而定,多数要求产卵后的第 22 天采取。采收 22 日龄的雄蜂蛹,首先要用左手平端蛹脾,右手用木棒敲击巢框,上面的蜂蛹受到震动后而下沉,头部与巢房盖的距离拉开,然后,用割蜜刀割去巢房盖,翻转蛹脾使割开的巢房口朝下,再用木棒敲击巢框,蜂蛹会自然落进提前准备的容器里。巢脾另一面巢房里的蜂蛹,采用同样的方法进行取蛹,少数震动不出来的蜂蛹要用镊子夹出。

5. 蜂蛹保鲜　新鲜雄蜂蛹中的酪氨酸酶很容易在空气中起氧化反应，在很短时间内使蛹体变黑，失去商品价值。为此，雄蜂蛹采收后需要及时进行保鲜处理。

（1）冷冻保鲜　采收雄蜂蛹时，一边采收，一边挑拣个体完整的雄蜂蛹，装入食品塑料袋内，排出袋内的空气，密封上口，立即放入－18℃以下的冰柜或冷库内低温保存。

（2）气蒸保鲜　把蒸锅放入水烧开，锅上放蒸屉，采收时直接将雄蜂蛹震落在预先准备好的纱布上，纱布2～3层，连纱布带雄蜂蛹一起放到蒸屉内，旺火蒸8～10分钟，这样雄蜂蛹就不会变黑。在桌子上铺好2～3层纱布，把蒸好后的雄蜂蛹倒在上面，摊开，控水、晾干体表。等到蜂蛹体表没有水分时，挑拣完整的雄蜂蛹装入食品塑料袋内，定量，密封，放入冰柜中保存。

（3）盐渍保鲜　盐渍处理雄蜂蛹是一种既简单又有效的保鲜方法，最适合我国蜂场现有的生产条件。在采收雄蜂蛹前配制25%～50%的盐水放入锅中煮沸，雄蜂蛹取出后及时倒入锅内盐水中，待雄蜂蛹即将填满盐水时，加大火力煮沸。从煮沸时开始计算时间，使雄蜂蛹在沸腾的盐水中煮15～20分钟后，用漏勺捞出蛹体倒在垫有纱布的网筛上，摊开晾干至蛹体外无水为止。将晾干的雄蜂蛹装入布袋，每袋不超过2kg为宜，挂在通风处，继续降低蜂蛹的水分，直至蜂蛹体表出现细小食盐结晶析出，然后装入食品塑料袋内密封贮存或销售。

（二）蜂王幼虫的生产方法

蜂王幼虫生产与蜂王浆生产同时进行，当移入台基里的幼虫长大以后，达到取浆的日龄时，随着取浆的程序，蜂王幼虫从王台中被夹出来。在正常情况下，蜂王浆产量与蜂王幼虫的产量是1∶0.2或0.3。

1. 保持蜂王幼虫虫体不破损　在采收蜂王浆时，用刀切割王台加高部分的蜡沿时，注意不要切割着虫体或划破虫体，从王台中往外夹幼虫时，也要注意轻夹轻放，不要用力过猛夹破虫体。

2. 保持蜂王幼虫的纯净状态　采收蜂王幼虫的环境与采收蜂王浆的环境一样，要求清洁卫生，无灰尘污染。盛放蜂王幼虫要用无毒塑料袋或大口塑料瓶，严格消毒后再使用。要缩短与空气接触的时间，及时加盖密封，不要与有气味的物品接触，虫体不得粘连蜡屑及杂物。

3. 蜂王幼虫保鲜　蜂王幼虫的日龄都不超过 5 日，组织非常幼嫩，目前对蜂王幼虫的保鲜主要是以抑制蜂王幼虫体内酪氨酸酶的活性及微生物的腐败为主，方法如下：

（1）冷冻保鲜　生产蜂王浆时，将采收下来的蜂王幼虫尽快地分次装入塑料食品包装袋内，定量，排出袋内的空气密封，然后放到－18℃以下的冰柜或冷库内低温保存。

（2）白酒保鲜　用 60 度白酒或 75％的食用乙醇浸泡蜂王幼虫，虫体必须完全浸没在白酒或乙醇中，不可露出液面，以防液面上的虫体褐变和腐败。

（3）蜂蜜保鲜　将蜂王幼虫加入等量的成熟蜂蜜中混合，置于冰箱冷藏层贮存，供随时服用，可放置 10～15 天。

第七节　蜂毒及其生产

一、蜂毒

（一）蜂毒来源

蜂毒是由蜜蜂毒腺产生并注入毒囊中贮藏，自卫时从毒囊中经蜇针排出的一种无色或微黄色透明液体。蜂毒味苦，有芳香气味，溶于水和酸，不溶于醇。

（二）蜂毒成分

1. 多肽类　多肽类是蜂毒主要成分，其中以蜂毒肽、蜂毒明肽、脱颗粒肥大细胞肽 3 种为主要活性多肽。蜂毒中还分离出镇静肽、心脏肽、四品肽、蜂肽 F、安度肽和组胺肽等。

2. 酶类   蜂毒含有 55 种以上酶类，主要有透明质酸酶、磷脂酶 A2、酸性磷脂酶、碱性磷脂酶和甘氨酰－脯氨酸芳香基酰胺酶等。

3. 非肽类物质   蜂毒中除肽和酶类外，还含有组织胺（约占干蜂毒重的 0.1%～1.5%）、游离氨基酸、脂肪酸、脂类、糖类、磷酸、甘油、激素及其他各种生物胺类化合物。

（三）蜂毒应用

蜂毒主要是在医药领域应用，医疗上用蜂毒治病，主要是利用活蜜蜂直接蜇刺，方便、简易、廉价。除此之外，利用人工提取蜂毒制成蜂毒针剂。蜂毒具有抗菌、消炎、镇痛、降血压、抗肿瘤、抗凝血以及抗辐射等作用，在临床上被广泛用于治疗风湿症、类风湿性关节炎、神经炎、神经痛、高血压、支气管哮喘、更年期综合征和皮肤病等。

二、蜂毒生产

（一）生产蜂毒的蜂群

生产蜂毒的蜂群必须是强群，强群成年蜂多，排毒量大。蜂群中要保持蜜粉饲料充足和正常的生活状态，无王群、患病群、弱群不能用来生产蜂毒。取毒时间可随机安排，宜选择在大流蜜期以后，蜂群处于非生产期，以便充分利用蜂群非适龄采集工蜂生产蜂毒。

（二）电取蜂毒器

常用的取毒方法有巢门取毒、副盖取毒、蜂笼取毒。电取蜂毒器样式不同，但构造及原理基本相同，均由控制系统、取毒系统组成。

（三）电取蜂毒的程序

将无色尼龙纱伸展开贴在玻璃板上，另一面放在木板底，翻过纱边用图钉钉牢，要装在棚状电网之下，使无色尼龙纱紧贴电网，以便蜂毒排放在玻璃板上。在接通电源之后，如果蜜蜂不上取毒器可敲蜂箱，促使蜜蜂受惊而冲上取毒器。为了使蜜蜂有充足的时间拔出蜇针离开电网，采用直流电源应每通电 5 秒钟，间断 4 秒钟，每次一群蜂取毒时间以 3～5 分钟为宜。

30 伏直流电源可供 2 个取毒器同时工作，一个人能同时操作 4 个取毒器，一群蜂取毒完成之后，扫掉蜜蜂另换一群再取。每隔 3～5 天取 1 次，群势达到 12 框蜂以上的蜂群一次可取毒 1g。每次取毒结束时，要将贮毒玻璃板放在阴凉处，使蜂毒凝固成固体，再用刀片刮下来，集中贮放在玻璃瓶内。

生产蜂毒要选在气温 15℃以上的晴天进行，大风、阴雨天不要取毒，要在无人来往、距离畜群较远的放蜂场地进行，如果蜂场环境不够安静，可安排在夜间取毒，防止蜇刺人畜。取毒时不要用烟来镇压蜜蜂，以免激怒蜂群和污染蜂毒。

练习题

1. 养蜂能生产哪些蜂产品？

2. 蜂蜜、蜂花粉、蜂胶是蜜蜂采集什么物质加工成的？

3. 生产蜂蜜为什么要组织采蜜群？

4. 在什么条件下方可进行蜂王浆的生产？

5. 在蜂场如何临时保存蜂王浆？

6. 如何干燥蜂花粉？

7. 如何增加蜂胶的产量？

8. 怎样才能增加蜂蜡的产量？

9. 如何对雄蜂蛹和蜂王幼虫进行保鲜？

10. 生产蜂毒要注意哪些事项？

第九章　常见蜜蜂病虫害及其防治

蜜蜂病虫害种类很多，大体可分为两大类。一类是传染性病害，另一类是非传染性病害。传染性病害包括病毒病、细菌病、真菌病、原生动物病、螺原体病、寄生虫病等。非传染性病主要包括由各种不良因子所引起的病害及中毒等。根据其浸染对象的不同，又可分为幼虫病、蛹病、成年蜂疾病等。

第一节　蜜蜂幼虫病

一、美洲幼虫腐臭病

（一）病原

美洲幼虫腐臭病由幼虫芽孢杆菌引起，该菌对外界环境具有很强的抵抗力，在不利的环境下也能够形成芽孢，其芽孢在巢脾里、病虫尸体中、蜂蜜和蜂箱里能生存 10～20 年，遇有适宜的条件，如通过蜜蜂间相互接触、饲料传递、人为调换巢脾等传播途径进入幼虫体内，重新生长致病，扩大传染。该菌的致死温度在水中为 100℃ 10 分钟，在蜂蜜中为 100℃ 40 分钟。

（二）症状

幼虫在染病初期不易鉴别，发育到 5～6 日龄出现症状，虫体逐渐萎缩，颜色变暗，失去正常幼虫的光泽。病虫在封盖之后死亡，房盖表面呈湿润状，略有凹陷、发暗或穿孔。此时，幼虫尸体原形模糊，腐烂为褐色的胶状物，用镊子能够挑起 3～4cm 长的黏丝，并有恶臭味。最后虫尸变成黑褐色，干缩成鳞片状，贴附于巢房下壁，不容易被清除。

（三）诊断方法

1. 症状检验　抽取疑病群的封盖子脾，用镊子挑破下陷或穿孔的巢房，如果幼虫已变色、腐烂、有恶臭气味，并能从腐烂的虫尸中挑起较长的黏丝，即可确诊。

2. 微生物检验　挑取少许病虫尸体物涂片，放于1000~1500倍显微镜下检查，如有芽孢杆菌（菌体呈单生或呈链状，通过染色法，芽孢杆菌呈圆形的游离体），用牛奶试验有凝集现象，即可确诊。

（四）防治方法

1. 饲喂药物　病势较轻时，可先将病群中的蜂蜜全部摇出来，然后再饲喂含药饲料，每2~3天喂0.3~0.5kg，连续饲喂3~4天，以后每4~5天饲喂1次，直到新封盖的子脾健康无病为止。同时，对于子脾上的病房，要用注射器逐个注入75%乙醇消毒，病房较多的巢脾可撤出化蜡。无论利用哪种药物，在大流蜜前45天应停止用药，防止对蜂产品造成污染。常用治疗美洲幼虫腐臭病的药物如下：

（1）土霉素　按每框蜂每次0.5万单位，加入1：1糖浆中喂蜂，饲喂量以次日早上蜂群全部采完为宜，每隔3~4天饲喂1次，3~4次为1个疗程。如果喷雾，可稍减用量。

（2）四环素　每框蜂每次0.5万~1万单位，加入1：1的糖浆中喂蜂。每隔3~4天饲喂1次，3~4次为1个疗程。如果喷喂，糖浆用量可适当减少。

2. 彻底换箱换脾　将消毒过的或根本未接触过病原物的蜂箱和巢脾放于病群位置，在巢门前铺一张纸，把蜂全部抖落在纸上，让工蜂和蜂王从巢门爬入箱内。从换箱的当天晚间开始，连续饲喂5~7天药物饲料。换下来的巢脾和蜂箱都要马上消毒，不得久放；放置病群的场地要用石灰水或草木灰水进行消毒，避免重复传染；从病群巢脾里摇出来的蜂蜜，必须经过高温消毒之后再利用，接触病群的器具、摇蜜机等都要进行彻底消毒，严格控制病原复发。

二、欧洲幼虫腐臭病

（一）病原

欧洲幼虫腐臭病主要由蜂房链球菌引起，该菌不活动，不能形成芽孢，对不良环境抵抗力较强，在病虫尸体中能生存 3 年，在巢脾和蜂蜜里能生存 1 年左右。该菌的致死温度在水中为 63℃ 10 分钟，在蜂蜜中为 79℃ 10 分钟。

（二）症状

感染此病的幼虫，多在 3~4 日龄死亡，少数在封盖后死亡，病虫失去光泽，由正常的乳白色变为暗白色，逐渐变成浅黄色至褐色。病虫尸体附在巢房下部，略有酸臭味，挑不起黏丝，容易被清除。患此病的蜂群，巢房中的病虫被工蜂清除之后蜂王又产上卵，所以子脾上的蜂儿日龄不整齐，蛹、虫、卵和空巢房掺杂，形成"插花子脾"。

（三）诊断方法

1. 症状检验 从疑似病群中抽取未封盖的子脾检查幼虫，如果有病变的 3~4 日龄幼虫和腐烂的虫尸，且虫尸挑不起较长的黏丝，出现插花子脾，即可确诊。

2. 微生物检验 从病群中取少许病虫尸体，涂片放于 1000~1500 倍显微镜下检查，如果发现许多蜂房链球菌（单生或成对，有的成链，并具有梅花络状排列的特点），用牛奶试验无凝聚现象，即可确诊。

（四）防治方法

由于欧洲幼虫腐臭病多在蜂群生活力薄弱阶段发生，因此，在早春和晚秋气温低的情况下，要加强饲养管理，保持群内蜜粉饲料充足，增强蜂群的抗病能力。对于患病的蜂群，首先要紧脾缩巢，合并弱群，使蜂密集护脾，然后进行药物治疗。常用药物处方如下：

1. 土霉素粉 200mg，稀释后混入 1kg 糖浆。

2. 红霉素 0.1g，稀释后混入 1kg 糖浆。

3. 青霉素 40 万单位，稀释后混入 1kg 糖浆。

以上述任何一种药剂饲喂病群，每群每次 0.3～0.5kg，每隔 1～2 天饲喂 1 次，连续饲喂 4～5 次为 1 疗程。患病严重的蜂群和清巢能力差的弱群，应结合换箱换脾和全面消毒的措施进行治疗。使用药物防治欧洲幼虫病，要在流蜜期前 45 天停止用药，防止污染蜂蜜。

三、囊状幼虫病

（一）病原

蜜蜂囊状幼虫病是由"过滤性病毒"引起的，其病毒大小为直径 30nm 的等轴球形粒子。一只患囊状幼虫病死亡的幼虫中含有的病毒可以使 3000 只健康幼虫患病。病毒致死温度在水中为 59℃10 分钟，在蜂蜜里为 70℃10 分钟，在干燥室温下能存活 3 个月，在直射的阳光下可存活 6 小时，在腐败的虫尸中可以保持致病力 10 天左右。

（二）症状

感染此病的为 5～6 日龄幼虫，在封盖前后死亡。病虫体躯萎缩，失去光泽，初呈黄褐色，最后变为黑褐色。头部翘起形如船头，体内充满带有颗粒状的液体，封盖后死亡的幼虫有些房盖被工蜂咬开一个不规则的小孔，虫尸无臭味，用镊子挑不起黏丝，易于清除。由于病虫不断被工蜂清除，蜂王复又产上卵，所以病群也具有"插花子脾"的特点。

（三）诊断方法

从病疑群中抽取封盖子脾检查，如果有些房盖出现孔洞，巢房内有头部翘起的死亡幼虫，体呈囊状，无臭味，挑不起黏丝物，即可诊断为囊状幼虫病。

（四）防治方法

1. 加强饲养管理　采取严格消毒措施，保持群强饲料充足；患病蜂群要密集蜂巢，弱小蜂群及时合并，增强蜂群护脾清巢的能力；患病蜂群亦应采取换王或幽闭蜂王的方法，人为造成蜂群断子，以利于工蜂清理巢房，减少幼虫重复感染的机会。

2. 选育抗病蜂王　从发病蜂场中选择无病群培育蜂王，替换其他染病群的蜂王，经过多次选育之后，蜂群抵抗此病的能力就会大大提高。

3. 药物治疗　一般采用中西药相结合、交叉用药的方法，常用处方如下：

(1) 盐酸金刚烷胺粉（13％）2g，稀释后混入 1kg 糖浆。

(2) 病毒灵 10～20 片，用少量水溶化后混入 1kg 糖浆中。

(3) 贯众 10g、金银花 10g，甘草 5g，加水 0.8kg，煎熬半小时去渣，加入 1kg 糖浆。

选用以上任何一种处方饲喂蜂群，均应每隔 2～3 天饲喂 1次，每次饲喂量 250g 左右，连续 4～5 次为 1 个疗程。

四、蜜蜂白垩病

(一) 病原

蜜蜂白垩病是由蜂球囊菌引起的老幼虫传染疾病，蜂球囊菌孢子能够生长成两性并体的菌丝，雌性呈白色，雄性黄色，雌雄菌丝结合形成褐色的球状子囊，囊内有许多孢子。蜂球囊菌孢子生命力很强，在适宜条件下能存活 15 年。

(二) 症状

患病幼虫为老熟幼虫，通常在封盖后 2～3 天死亡，以雄蜂幼虫最易感染。死亡的幼虫最初呈绒线状囊肿，白色，以后逐渐变成灰色至黑色，虫尸干枯成白垩状物，体表有白色的菌丝，这种干枯的虫尸易于被工蜂清除，拖出蜂巢，因此在病群蜂箱底和巢门前能够发现白垩病虫尸。房盖多数被工蜂咬开。

(三) 诊断方法

1. 症状检验　白垩病症状比较明显，检查子脾如发现幼虫在巢房内死亡，形成白垩病状尸体，而且在箱底或巢门前发现被蜜蜂清理出来的白垩状虫尸，便可诊断为患有白垩病。

2. 微生物检验　取病虫尸体表面物，涂于载玻片上，混入蒸馏水，加上盖片，置于低倍显微镜下观察，如果能看见菌丝（呈白色纤维状）和孢囊（含有椭圆形孢子），即可确诊为白垩病。

（四）防治方法

1. 综合防治　白垩病主要通过生命力很强的孢子传播，所以治疗白垩病应采取预防为主、防治结合的措施。

（1）彻底切断病源　蜂花粉是主要的传染源，蜂群繁殖季节，不使用来路不明的蜂蜜和花粉，防止病源传入。密集蜂巢，注意防潮，蜂箱放置在干燥的地方，垫高 20～30cm。蜂场无积水，场地上经常撒以草木灰、炉渣、石灰等。

（2）抗病育种　选择抗病力较强的蜂群做育王母群和父群，培育蜂王和雄蜂，提高蜂群自然抗病力，据多年试验，黑环系蜜蜂及其杂交种抗白垩病能力较强，在白垩病流行地区广为利用，收效良好。

（3）加强消毒　病群巢脾、蜂箱、蜂具的彻底消毒，消除病原，消毒药品可选用甲醛或升华硫黄。

（4）及时治螨　蜂螨不但吸吮蜂体营养，使蜂衰弱，同时也是白垩病的传播媒介。

2. 药物治疗　由于白垩病复发性很强，目前尚无特效药物治疗此病，可结合换脾、换箱彻底消毒方法，施用无公害药物治疗。

（1）制霉菌素糖浆　1kg 糖浆混入制霉菌素 10 万～20 万单位，每天饲喂 1 次，根据群势每次 0.25～0.5kg。

（2）新洁尔灭水溶液　用 0.1%～0.2% 新洁尔灭水溶液，对病群逐脾喷雾，以细雾点喷射蜂体，每天喷 1 次，连续喷雾 3 次为 1 个疗程。

第二节 其他蜜蜂传染病

一、蜜蜂麻痹病

(一) 病原

蜜蜂麻痹病由蜜蜂麻痹病毒而引起。一种是急性麻痹病毒，该病毒是一种直径为30nm的等轴粒子，在30℃时致病力最强，在35℃时活力很低，甚至完全丧失活力；另一种是慢性麻痹病毒，其外形是椭圆形的复合体，其中有3～4个个体，每个个体的长度为30nm、40nm、55nm、65nm，宽度均为22nm，在35℃时致病力最强。麻痹病毒在蜂尸中能保持毒性2年之久，当加温至90℃时30秒钟即可杀死。

(二) 症状

当前流行的蜜蜂麻痹病，多为慢性麻痹病毒引起的。患病蜜蜂常出现轻重两个阶段的症状，在天气晴暖，病情初发或病势较轻时，染病蜜蜂个体瘦小，全身变黑，茸毛脱落，像油炸过一样，反应迟钝，失去正常的飞翔能力，被工蜂围咬驱逐，不久衰竭死亡；在低温阴雨天，病势较重时，病蜂有的变黑有的不变黑，腹部膨大，常停留在巢门前或巢脾的下部、箱底、框梁上，有的后足麻痹拖行，翅膀微抖动，不能飞翔，病蜂逐日增多，群势急剧下降。患病蜂群秩序紊乱，易起盗蜂。强群和弱群均能发病，有时同其他消化系统疾病并发，要注意鉴别。

(三) 诊断方法

1. 症状检验　对疑病群，针对麻痹病症状的特点，详细观察病蜂的形态和表现，分析其发病历史，若同麻痹病症状相同，再进一步解剖检查病蜂消化系统有无病变，如发现病蜂蜜囊中充满混有蜜汁的清液，中肠变为乳白色，失去弹性，后肠积存混浊状粪便，即可初步诊断为麻痹病。

2. 微生物检验　由于此病毒的形态需要用电子显微镜观察，测定其理化性状也较复杂，所以，要将病蜂送到有条件的实验室进一步验证确诊。

（四）防治方法

1. 加强饲养管理，保持饲料充足　根据气候变化情况调解蜂巢温湿度，气温高时注意给蜂群通风散热，气温低时要加强保温，并要防止箱内潮湿。平时在蜂群内发现个别病蜂要随时除掉深埋。此病具有老蜂易感染的特点，可在发病期将病群蜂箱搬走，在原箱位上放一个新蜂箱，把病群的蜂逐脾抖落到新箱的巢门前，巢脾放入新箱内，这时健康蜂很快爬入蜂箱，而病蜂则大部分停留在巢门前，可乘机收集病蜂埋掉。同时，配合以药物治疗，抓紧换掉病群中的蜂王。

2. 药物治疗　饲喂药饲料，最好是灌入边脾，使蜜蜂当天清理干净，防止积存在脾上变质。饲料的浓度要根据气候情况，低温天气应喂浓度较高的药饲料，气温稳定之后，可以喂浓度略低的药饲料。

（1）病毒灵（马啉呱）糖浆　以病毒灵 3～4 片，用水溶解稀释，混入 1kg 糖浆中，根据群势强弱每天每群饲喂 200～400mL，连续饲喂 5～7 天为 1 疗程。

（2）肽丁胺粉（4%）　每千克糖浆加本品 12g，每群每天喂 250g，连喂 5 天为 1 个疗程。

（3）升华硫预防　每群每次以升华硫 3～7g，均匀地撒在蜂路里，每 5～7 天 1 次。

二、蜜蜂孢子虫病

（一）病原

蜜蜂孢子虫病是由原生动物门孢子纲的蜜蜂微孢子虫所引起的。孢子呈椭圆形，在显微镜下观察具有较强的蓝色折光。孢子对外界不良环境的抵抗能力很强，它在蜜蜂病尸中可存活 5 年，在蜂蜜里能保持活力 11 个月，在巢脾上能延续 2 年以上。孢子在

31℃条件下繁殖最快，致病力最强。在4%的甲醛溶液中孢子可活1小时，但在1%的石炭酸溶液里10分钟即可被杀死，在直射的阳光下则需要15～32小时。

（二）症状

一只患病的蜜蜂，在感染后42天中肠可含4300万～6300万个孢子，后肠内高达25 000万个以上。患病蜜蜂常表现为躁动不安、体质虚弱，个体瘦小，头尾变黑，腹部膨大，消化排泄机能失调，并有严重的下痢现象，失去正常的飞翔能力，病蜂多数在巢脾的框梁上或巢门前无秩序地乱爬。重病群的蜂王和雄蜂也会染病死亡。该病在一年四季均可发生，尤以冬末初春季节发病最重。该病症状与麻痹病、下痢病、螺原体病相类似。

（三）诊断方法

1. 现场诊断　抓取老病蜂，以左手的拇指和食指握住蜜蜂的胸部，右手用镊子夹住尾部，缓缓将消化道拉出。如果发现中肠膨大，呈乳白色，失去弹性，肠壁环纹不明显时（健康蜜蜂中肠呈红褐色，环纹明显，富有弹性），便可初步诊断为孢子虫病。

2. 实验室诊断　取出病蜂中肠放入研钵内，加入少量蒸馏水研碎，然后取少许悬浮液放于载玻片上，加上盖玻片，置于600倍显微镜下观察，如果发现有许多椭圆形小粒子，并且有蓝色折光时，则可确诊为孢子虫病。

（四）防治方法

1. 加强饲养管理　必须选用优质蜂蜜做越冬饲料，不能使用甘露蜜、发酵蜜、结晶蜜。越冬期保持蜂巢内不潮湿，蜂群不伤热，不下痢，对病群蜂王及时更换。

2. 药物治疗　在治疗时，根据孢子虫在酸性溶液中受到抑制的特性，在春季多喂一些酸性饲料，如用柠檬酸0.5～1g（或醋酸3～4μL），稀释后混入1kg糖浆中喂蜂，每群每次0.5～1kg，每隔3～4天1次，连续治疗5～6次为1个疗程。

3. 消毒措施　蜂箱、巢框及其他蜂具可用火焰进行消毒，还可以用其他化学消毒剂，方法如下：

（1）甲醛消毒法　以4％的甲醛溶液浸泡巢脾1～2天，取出用清水洗净晾干使用。也可用喷雾器将甲醛溶液喷到巢脾上至湿润为宜，再放入蜂箱内密闭1～2天，待药味散失后使用。

（2）醋酸蒸汽消毒法　先把要消毒的巢脾放入蜂箱里，然后用脱脂棉浸入醋酸溶液放在巢脾框梁上，每个标准箱用98％冰醋酸8μL或80％醋酸10μL即可，放药后糊严蜂箱，密闭1～2天，取出待药味散发后使用。

（3）饱和食盐水溶液　将空巢脾浸泡在10kg水加3.6kg食盐的饱和溶液中1～2天，再用清水洗净、晾干使用。

三、蜜蜂螺原体病

（一）病原

蜜蜂螺原体病又称爬蜂病，是由蜜蜂螺原体菌所致，菌体无细胞壁，只有细胞膜包围，呈螺旋状、能运动，长度随不同生长时期呈现较大变化，最短0.8nm，最长7nm。最适生长温度为32℃，pH值为7.5。近年在油菜、刺槐等蜜粉源植物花中发现使蜜蜂致病的蜜蜂螺原体菌。

（二）症状

蜜蜂螺原体病主要发生于青壮年蜜蜂。患病蜜蜂不能飞行，在蜂箱周围地上爬行、跳跃、行动迟缓。死蜂多数翅展开、吻伸出。此病常与其他蜂病并发，肠道变化略有不同，中肠膨大，有的呈白色，有的呈黑色，后肠积存粪便或绿水。严重时成年蜂、幼蜂大量爬出箱外，群势下降较快。

（三）诊断方法

1. 症状检验　解剖病蜂，发现中肠色白肿大，失去环纹，后肠充满水状粪便。但要与并发的其他病症对比、区别，进一步证实是否发生螺原体病。

2. 微生物检验　取病蜂5～6只，放在研钵内，加蒸馏水，研磨成匀浆，置于1000转/分钟离心5分钟，取上清液涂片，放

1500 倍暗视野显微镜下观察，若见到晃动小亮点，并拖有一条丝状体，原地旋转或动摇，即可诊断为螺原体菌。

（四）防治方法

蜜蜂螺原体菌在养蜂环境中分布广泛，除病蜂体内外，巢房、箱壁、覆布、饲料等也存有螺原体，因此，在防治蜜蜂螺原体病时必须采取综合措施。

1. 加强饲养措施，选留抗病蜂种　及时淘汰抗病力差的蜂王；选留无污染的优质饲料；根据气候因素及自然条件、蜜粉源情况、疫区情况优选放蜂场地。

2. 消毒　在冬春季节要抓紧对病群、巢脾、蜂具、场地消毒。场地消毒可用 10%～20% 的石灰水粉刷或喷洒。蜂具、覆布等可用 3% 的热碱水浸泡消毒，再用清水漂洗。空巢脾、蜜粉脾用 80% 的冰醋酸消毒，每箱巢脾用 150mL 冰醋酸密闭熏蒸 3～5 天。

3. 药物治疗　在药物治疗上应使用复合剂，以防其他疾病并发。

（1）病毒灵 2 片，醋酸 50mL、土霉素 20 万单位，加 1kg 糖浆。

（2）灭滴灵 0.5g、米醋 50mL，加 1kg 糖浆。上述药物糖浆每天每群蜂饲喂 80mL，4 天为 1 疗程，停喂 4 天再进行第 2 疗程。

四、蜜蜂蛹病

（一）病原

蜜蜂蛹病又叫"死蛹病"，是危害我国养蜂生产的一种新的传染病。引起蜜蜂死蛹病的为 RNA 型蜜蜂蛹病毒，是在我国发现的一种蜜蜂新病毒，病毒在大幼虫阶段侵入。

（二）症状

死亡的工蜂蛹多呈干枯状，少数呈湿润状，发病幼虫失去自然光泽，体色呈灰白色，死亡的蜂蛹呈暗褐色或黑色，尸体无臭味，无黏性，多数巢房盖被工蜂咬破，露出头部，呈"白头蛹"状，少数蜂蛹发育为幼蜂，但由于体质衰弱不能出房而死于巢房内，有的幼蜂虽然勉强出房，发育不健全不久即死亡。患病蜂群，工蜂行动疲软，采集力明显下降，分泌蜂王浆和哺育蜂儿能力降低，病情严重的蜂群出现蜂王自然交替或飞逃。

（三）诊断方法

1. 蜂箱外观察　患病蜂群工蜂出勤率降低，在蜂箱前场地上可见到被工蜂拖出的死蜂蛹或发育不健全的幼蜂，可疑为患蜂蛹病。

2. 蜂群内检查　提取封盖巢脾，抖落蜜蜂，若发现封盖子脾不平整，出现有巢房盖开启的死蜂蛹或有插花子脾现象，即可初步诊断为患蜂蛹病。

（四）防治方法

1. 选育抗病蜂种　培育抗病力强的蜂王用以更换病群的蜂王，增强蜂群对蜂蛹病的抵抗力。

2. 加强饲养管理　密集蜂巢，经常保持蜂群内有充足的蜜粉饲料，当外界蜜粉源缺乏时，给蜂群饲喂优质蜂蜜或白糖，并辅以适当维生素、食盐。此外，还应注意保持蜂场卫生清洁，蜂箱外的死亡蜂蛹集中烧毁，同时注意勿将病脾调入健康群，避免造成人为传染。

3. 药物防治　喷雾或饲喂酞丁胺，每包加水 500mL。每脾喷 10～20mL 药液，每周 2 次，连续 3 周为 1 个防治疗程。

第三节　蜂螨和蜜蜂敌害

蜜蜂的寄生虫主要有蜂螨和巢虫等。其他敌害则有多种，如哺乳类动物熊、黄喉貂；鸟类的蜂虎；两栖类的蟾蜍以及昆虫类的胡蜂等。在其活动季节,对蜂群能造成较大的危害。

一、蜂螨

(一) 大蜂螨

1. **危害情况** 大蜂螨又称狄斯瓦螨,属寄螨目,瓦螨科。目前除大洋洲尚未发现外,亚洲、欧洲、南北美洲以及非洲北部的大多数国家都有大蜂螨,已成为世界养蜂业的一个严重问题。大蜂螨是蜜蜂体外的寄生虫,由于其在蜜蜂的封盖幼虫房内产卵繁殖,所以大蜂螨不但使成蜂寿命缩短,采集力下降,而且常使幼虫和蛹死亡;幼蜂体肢残缺不全,新羽化出房的幼蜂不能飞翔而死亡。受螨害严重的蜂群,迅速削弱,甚至全群覆灭。

2. **消长规律** 大蜂螨在一年中的消长与蜂群群势呈负相关。即蜂群群势上升,大蜂螨寄生率就相对下降,或者处于相对稳定的状态;反之,当蜂群群势下降时,大蜂螨的寄生率则急剧上升。

3. **诊断方法** 当蜂群受大蜂螨危害时,首先可根据巢门前死蜂的情况或巢脾上幼虫和蛹死亡的特征来判断。若在巢门前发现有许多翅足残缺的幼蜂爬行或有死蛹被工蜂拖出等情况,在巢脾上又有许多死亡变黑的幼虫和蛹,死蛹体上还常附着有白色的颗粒状物时,即可诊断为大蜂螨危害。

为了确定螨害的严重程度,可以检查大蜂螨的寄生率和寄生密度。即从蜂群中直接取蜜蜂 100 只左右,逐个检查蜂体上寄生的大蜂螨数。再挑取雄蜂房或工蜂房 50 个左右,仔细检查有螨的蜂房数和螨数。最后根据蜂螨数与所检查的蜂数和蜂房数,计算出寄生率或寄生密度。

4. **防治方法** 主要采取化学药物防治,目前常用的杀螨药物有很多,根据需要选择杀螨效果好,对蜂产品无污染,安全性较强的药物,按说明书使用。

(二) 小蜂螨

1. **危害情况** 小蜂螨又称亮热厉螨,属寄螨目厉螨科热厉螨属，主要分布于菲律宾、越南等东南亚国家以及印度、阿富汗、中国等国家。小蜂螨是典型的巢房内寄生虫，蜜蜂的幼虫和蛹受害特别严重。受害蜂群的幼虫和蛹大批死亡，腐烂变黑；即使能羽化出房的幼蜂，也是翅肢不全，不能飞行。严重时可使整脾、整群的幼蜂不能羽化出房，群势迅速下降，导致全群覆灭。

2. 消长规律　小蜂螨必须依赖蜜蜂的幼虫、蛹来进行生活和繁殖。当蜂群内完全断子的情况下，小蜂螨仅能存活 1～3 天。在一年中的自然消长与气候、蜂群有密切的关系。以长白山区为例，在春季蜂群中极少见，到 6 月份以后，有个别蜂群出现小蜂螨，但到 8 月以后，蜂群中的小蜂螨几乎呈直线上升，到 9 月达到最高峰。但到 10 月份以后（即蜂群中基本断子后）小蜂螨的数量又急剧减少。

3. 诊断方法　当怀疑蜂群受小蜂螨危害时，可以从蜂群中抽取封盖子脾 1～2 张，再从子脾上挑开封盖幼虫房 30～50 个，稍等 5～10 分钟，若被小蜂螨危害，即可见小蜂螨从巢房内爬出。

4. 防治方法　由于小蜂螨个体小，检查时不易发现，所以当发现子脾上有蜂螨爬行时，封盖房内小蜂螨的寄生率已达到 25% 以上，如不及时防治，不但可使蜂群迅速削弱，而且不能越冬。因此，对小蜂螨的防治必须抓紧早治，具体做法有两种：

（1）强力杀螨剂熏蒸　在晚秋气温达 15℃ 以上时，从蜂群中提出封盖子脾，脱净蜜蜂，放入继箱内，每个继箱装 8 张脾，一垛 4～5 箱，按每个继箱体加甲酸 5mL 计算，将甲酸滴加在最上层继箱垫的包装纸上，再用塑料薄膜密闭熏蒸 4～6 小时。熏蒸完毕，取出子脾还原蜂群。此法不但可杀灭封盖房内的大、小蜂螨，而且也能杀灭螨卵，蜜蜂蛹及小幼虫不受影响。

（2）升华硫粉熏杀　升华硫粉防治小蜂螨效果较好，方法是将升华硫粉装于小塑料瓶中，瓶口盖上 2～3 层纱布，轻轻将药粉挤压到蜂路间和框梁上，从蜂路的一端到另一端用量为 0.3g 左右。也可以抖落蛹脾上的蜜蜂，将升华硫粉用大画笔涂抹在封盖蛹房上，注意药量不宜过大，也不要撒到幼虫房内，每隔 3～5 天治疗 1 次。

二、巢虫

巢虫是蜡螟的幼虫，蜡螟也叫蜡蛾。有大、小两种巢虫，故也有大、小两种蜡螟。巢虫每年繁殖 3～4 代，雌性蜡螟能存活 12～15 天，产卵 700 粒左右，蜡螟的卵产于箱缝、巢脾等有蜡屑积存的地方，经过 10～12 天变成幼虫，幼虫经 14～20 天变成蜡螟。

（一）巢虫对蜂群的危害

巢虫的生长阶段以蜂蜡为饲料，在蜂群强壮的时候，蜜蜂密集护脾，巢虫无机会进入巢脾，只在箱底有蜡屑的地方生活和发育。当蜂群衰弱，脾多蜂少时，巢虫便乘机上脾，穿洞蛀食蜡质，吐丝作茧，大量繁殖，伤害蜜蜂蛹虫，严重破坏了蜜蜂的生存和繁殖条件。在气温较高时，保管不善的巢脾最容易遭受巢虫的危害。蜡螟窜上巢脾产卵，巢虫以蜡为饲料大量繁殖，不久便使巢脾失去利用价值。

（二）防治方法

1. 饲养强群　及时更换旧巢脾，增强抵抗巢虫的能力。每年都要彻底消毒清刷蜂箱，及时清理蜂场上的废脾碎蜡，不给巢虫留下越冬的条件。

2. 妥善保管巢脾　暂时不用的巢脾，要放于低温通风的仓库中密闭在蜂箱中保管。在 15℃ 以上的条件下长时间贮存巢脾，必须每隔 7～10 天用硫黄熏 1 次，连续 3 次，防止巢虫繁殖。

3. 硫黄熏空巢脾　把 3～6 个继箱叠加在一起，每箱放 9～10 张脾，脾间留有相应的空隙，箱上口要盖严，周围的箱缝及漏洞都要糊严。最下层箱体为空箱，箱内放一块装有火炭的瓦片，以每个箱体为 5～6g 硫黄粉的用量撒于火炭上，密闭 24 小时。硫黄经过燃烧产生二氧化硫，可以杀死蜡螟、巢虫，但杀不死蜡螟的卵和蛹，因此要每隔 7～10 天熏 1 次。

三、胡蜂

胡蜂是山区蜜蜂的敌害，秋季危害性尤为严重。山区有大胡蜂（体长 30mm 左右）和小胡蜂（体长 15mm 左右）多种，胡蜂群居于树洞、石缝或露天筑巢，进行繁殖。蜜源缺乏时经常飞进蜂场袭击蜂群，捕捉蜜蜂，吸食蜜囊中的蜂蜜，并将蜜蜂运回巢穴饲喂幼虫。采用的防治方法：

（一）人工捕杀

在胡蜂危害蜂群的季节，以铁纱网做成的拍子（类似大苍蝇拍）进行捕打。同时在附近寻找胡蜂巢穴，进行火烧或药杀。

（二）药杀法

用捕虫网将胡蜂活捉后，把六六六粉或滴滴涕糖浆涂抹在它的身上，然后放走胡蜂，当其飞回巢中，其他胡蜂吸食它身上的有毒糖浆时便会中毒死亡。

第四节　蜜蜂中毒

一、花蜜花粉中毒

蜜蜂采访了有毒植物（如藜芦、白头翁、毛茛、杜鹃等）的花蜜和花粉，会引起中毒死亡，对蜂群造成伤害。在蜜粉源较差的情况下，中毒现象更为明显，死亡率较高，群势急剧下降。

（一）中毒症状

花蜜中毒多为外勤蜂。中毒蜂最初表现很活跃，后来逐渐全身麻痹而死亡，死蜂吻吐出，腹部向内弯曲，蜜囊中有花蜜，中肠无变化。中毒的蜂多数死于巢内箱前，也有一部分死于采集的途中。花粉中毒多为内勤蜂，中毒蜂腹部膨胀，中后肠内充满花粉粒状粪便，在地上爬行而死去。幼虫被工蜂饲喂有毒花粉，也能中毒死亡。

（二）防治方法

1. 根据有毒蜜源植物的开花时间有计划地早转地或晚转地，

尽可能避开有毒蜜源植物的花期。

2. 对于蜂场附近生长比较集中、植株又比较大的有毒蜜源植物（如大黎芦等），在其将要开花时组织人力进行割除，减少有毒蜜源植物的开花密度，降低中毒量。

3. 蜜蜂已经采进了较多的有毒花蜜和花粉，应利用换脾或摇蜜的方法换进充足的优质饲料，防止大量中毒。

4. 蜂群内保持充足的饲料　缺饲料时及时补充，减少蜜蜂采集有毒蜜源的机会，降低饲料中有毒花蜜的含量。

5. 解救方法　对于中毒的蜂群要饲喂稀薄糖浆或解毒糖浆，每天饲喂 1～2 次，每次每群 0.3～0.5kg。解毒糖浆以甘草 100g 煎汁混入 5kg 糖浆中即成，也可利用绿豆熬汤配制解毒糖浆。

二、甘露蜜中毒

植物叶、茎上分泌的"蜜露"和蚜虫、介壳虫等昆虫在植物上分泌的"虫露"，广义统称为甘露。在干旱、低温或气候反常、早春或晚秋外界蜜源中断、蜜源歉收的情况下，会吸引大量蜜蜂采集甘露蜜，采集蜂表现活跃，像发现新蜜源一样飞向野外。

甘露蜜中含有较多的糊精、灰分和无机盐，比一般的花蜜要高几倍。积存在蜜蜂体内引起消化不良或中毒，特别是越冬期饲料里混有甘露蜜，能够造成蜜蜂早期下痢、大量死亡。

（一）中毒症状

中毒蜜蜂呈现腹胀症状，中肠内充满糖浆状混浊液体。后肠内有暗黑色的黏性稀薄粪便。严重时不能飞翔。在巢门前爬行，并出现下痢。死蜂腹部膨大，呈中毒状。

（二）甘露蜜检验法

1. 酒精反应　取被检验的蜂蜜 5mL 加水 5mL。使其充分混合之后，取出蜜水 1mL 放入试管中或透明的玻璃瓶中，加入 95% 的 75% 乙醇 9mL，混合均匀，如果出现混浊现象，絮状物较多，即证明有甘露。为了鉴别准确，可先用上述方法将优质蜜做出检验标本放入瓶中，然后再进行甘露蜜检验、对照，确定含甘露多少。

2. 石灰水反应 取被测蜂蜜 2～3g，放入试管内，加等量的石灰水稀释后，再加 95％的乙醇 10mL。充分摇匀后，若溶液出现乳白色沉淀，即证明含有甘露蜜。

（三）防治方法

甘露蜜中毒，首先受害的是成年蜂，如果在繁殖期甘露蜜采进蜂巢，幼蜂受害，严重时幼虫受害，这时采取治疗措施难以挽救已经中毒的蜜蜂和幼虫。为此，蜜蜂甘露中毒不要寄希望于治疗方法，要立足预防，减少蜜蜂甘露中毒。

1. 在主要蜜源结束或主要蜜源歉收的情况下，要保持蜂群中贮存有充足的饲料，并要抓紧转往有蜜粉源的放蜂场地，减少蜜蜂在饲料不足的饥饿状态下和蜜源缺乏的场地采甘露蜜的机会。

2. 在蜂群野外繁殖季节，经常观察掌握蜜蜂的飞行路线，寻找到蜜蜂飞行采集目标，一旦发现蜜蜂有采集甘露现象，尽快转移放蜂场地。

3. 越冬要以不含甘露的蜂蜜或糖浆为饲料。如果冬季因甘露蜜造成蜜蜂下痢死亡，轻者可用优质蜜脾换出巢内原有含甘露的蜜脾，重者要抓紧创造排泄机会，将蜂群运到气温较高的地方或就地利用塑料大棚排泄。

4. 发现蜜蜂有采甘露蜜现象，马上饲喂糖浆，转移蜜蜂采集目标，这样不仅能减少甘露蜜采进蜂巢，而且还能稀释甘露蜜，减轻中毒，并根据甘露蜜影响情况确定是否转地。

5. 当甘露蜜出现时，马上在蜂巢中和离蜂场 200～400m 没有甘露蜜源地方的植物上，喷雾或饲喂 10％～20％香味糖浆（10份水、1～2 份糖，加几滴水果香精），每天多次喷雾或饲喂，训练吸引蜜蜂前来采集糖浆，减少采集甘露蜜的蜜蜂。因为甘露蜜没有花香气味，不像花蜜含有丰富的花香那样吸引蜜蜂，所以利用香味糖浆可以吸引较多的采集蜂前来采集，减少采集甘露的蜜蜂数量。

三、农药中毒

由于喷洒农药直接接触蜜蜂或由于农药污染花蜜、花粉或饮水，致使蜜蜂中毒死亡。蜜蜂农药中毒是当前养蜂生产上的严重问题，特别是在一些棉花、果树比较集中的地区，蜜蜂常由于遭受农药中毒造成严重的损失。

（一）中毒症状

农药中毒的蜜蜂，有的死在野外，多数则死于箱内或箱门前。中毒的蜜蜂失去平衡飞翔的能力，在地上翻转、爬滚，后腿拖地。死蜂腹部勾缩，六足勾拢，有些死蜂后足携带着花粉或者蜜囊中还存有花蜜。死蜂突然增加，出现死蜂的不只是个别蜂群，而是全场蜂群，仅有强群死蜂较多弱群死蜂较少之区别。中毒死蜂随着外勤蜂的减少群势的严重削弱而减少，几天之内就可造成子多蜂少、脾松群弱的局面。提出巢脾时，中毒蜂无力附脾而掉落箱底。中毒严重时，大幼虫也死亡，掉入箱底，通常称为"跳子"。

（二）预防措施

1. 切实掌握放蜂场地附近施用农药的情况，经常同施药者联系，尽可能选用残效期短的农药或对蜜蜂毒性低的农药，施药时间尽可能在晚间蜜蜂停止飞翔之后或早晨蜜蜂飞出之前进行。

2. 施药期间，适当控制蜜蜂飞出采集，在气温不过高的情况下可关闭巢门，打开通风设备或者把蜂箱放在树下，并给蜂群遮阴喂水，傍晚之前再打开巢门让蜂做爽身飞翔，第2天早晨根据情况决定是否继续幽闭蜜蜂。

3. 如果是大面积施用剧毒农药，应提前将蜂群迁移到2.5km以外的安全场地，待农药失效以后再运回原场地。

4. 凡是同农药接触过的物品，如饲料、器械、蜂具、车辆等要严格与蜂群隔离。

（三）急救措施

对农药中毒的蜂群，目前尚无良好的治疗方法。对于一般农药中毒的蜂群，要迅速喂以稀薄的蜜水（1kg 蜜加 3kg 水）或糖浆（1kg 糖加 4kg 水），或者喂以绿豆汤糖浆、甘草糖浆，每天多次饲喂。

1. 将蜂群迁出施药区，同时摇出蜂群内被污染的贮蜜。

2. 饲喂解毒剂，如农药系有机磷类杀虫剂引起的中毒，每千克糖浆加 1% 硫酸阿托品 8mL，或者每千克糖浆加解磷定 2mL。

3. 有机氯类杀虫剂引起的中毒，每千克糖浆加磺胺噻唑钠注射液 8mL 或片剂 4 片。

练习题

1. 蜜蜂美洲幼虫腐臭病的症状及防治方法是什么？

2. 蜜蜂欧洲幼虫腐臭病的症状及防治方法是什么？

3. 蜜蜂囊状幼虫病的症状及防治方法是什么？

4. 蜜蜂白垩病的症状及防治方法是什么？

5. 如何预防蜜蜂孢子虫病？

6. 蜜蜂螺原体病的危害及防治措施是什么？

7. 如何减轻蜂螨对蜜蜂的危害？

8. 如何防治巢虫？

9. 巢脾的消毒措施有哪些？

10. 预防甘露蜜中毒应采取什么措施？

11. 怎样预防蜜蜂农药中毒？